国家自然科学基金项目(51974296、52074240)资助
江苏省高校优秀创新团队项目资助

高温作用下泥岩的损伤演化及破裂机理研究

（第二版）

张连英　著

中国矿业大学出版社
·徐州·

内 容 提 要

本书共分7章，主要讲述了泥岩随温度升高和加载速率增加的力学性能变化规律；给出了高温作用下泥岩试样的组分与物相变化，揭示了高温作用下泥岩宏观破裂特征的微观机制；针对所测泥岩试样的力学特性，给出了相应的损伤本构模型。全书结构紧凑，内容合理。本书可供矿山生产、设计、科研单位的有关技术人员和相关院校师生参考使用。

图书在版编目(CIP)数据

高温作用下泥岩的损伤演化及破裂机理研究 / 张连英著.— 2版.— 徐州 ：中国矿业大学出版社，2021.8

ISBN 978-7-5646-5122-0

Ⅰ.①高… Ⅱ.①张… Ⅲ.①煤系－泥岩－研究 Ⅳ.①P618.110.2

中国版本图书馆CIP数据核字(2021)第178167号

书　　名 高温作用下泥岩的损伤演化及破裂机理研究
著　　者 张连英
责任编辑 章　毅
出版发行 中国矿业大学出版社有限责任公司
（江苏省徐州市解放南路　邮编221008）
营销热线 (0516)83884103　83885105
出版服务 (0516)83995789　83884920
网　　址 http://www.cumtp.com　**E-mail**:cumtpvip@cumtp.com
印　　刷 江苏淮阴新华印务有限公司
开　　本 787 mm×1092 mm　1/16　**印张** 9.75　**字数** 219千字
版次印次 2021年8月第2版　2021年8月第1次印刷
定　　价 58.00元

前　言

随着社会与经济发展对能源需求的不断加大，与温度有关的岩土工程问题越来越受到广泛关注，如：地热资源开发、核废料处置及煤炭地下气化等工程。温度与地应力耦合作用下岩石力学性能的研究是解决温度有关的岩土工程问题的基础。本书以煤系岩层中泥岩为研究对象，借助于MTS810电液伺服材料试验系统及配套的高温环境炉、扫描电镜、X射线衍射分析仪等试验手段，应用损伤断裂理论、黏弹塑性理论等，从宏观和微观不同尺度上，对高温作用下泥岩的损伤演化与破裂机理进行了系统的研究。主要工作和研究成果如下：

(1) 系统测定了常温至800 ℃高温条件下泥岩试样的全应力-应变曲线，分析得到了泥岩的弹性模量、峰值强度、峰值应变、软化模量等随温度的变化规律，并给出了加载速率对泥岩力学性能的影响，揭示了泥岩随温度升高和加载速率增加的脆延转化特性。

(2) 基于泥岩试样断口的电镜扫描和X射线衍射分析试验，给出了高温作用下泥岩试样组分结构的变化特征、影响泥岩力学性能的组分因素、试样断口处裂纹的形态及发育变化特征。结果表明，高温作用下泥岩试样的组分与物相变化是导致岩样断口处裂隙的扩展、闭合、晶界破裂形式差异的重要原因，从而呈现了不同温度段泥岩宏观力学性能的变化特征。有效地揭示了高温作用下泥岩宏观破裂特征的微观机制。

(3) 依据岩石损伤力学与统计强度理论，结合高温作用下泥岩的力学性能，构建了考虑温度及应变率效应的泥岩损伤演化方程和本构模型，并针对所测泥岩试样的力学特性，给出了相应的损伤本构方程具体参数，本构模型与试验结果具有很好的印证性。

(4) 通过对常温及高温(700 ℃)作用下泥岩的分级加载蠕变试验，得到了相应的蠕变曲线，给出了泥岩的蠕变经验方程，并初步建立了考虑温度效应的泥岩蠕变本构模型，包括：泥岩的蠕变方程、卸载方程和松弛方程。

本书的研究成果在一定程度上丰富了岩石力学的基本理论，也为高温与地应力耦合作用下岩土工程问题的研究提供了重要依据。

著　者

2021年6月

目　录

1　绪　　论

1.1 研究目的及意义

岩石是自然界的产物，它是在各种不同随机因素作用下经历了漫长而又复杂的地质构造运动后形成的地球介质，是组成地壳和地幔的主要物质。多数岩石是由一种或几种造岩矿物按一定的方式组合而成的天然聚集体，具有一定的结构、化学成分和矿物成分，是人类赖以生存和发展的立足之地。随着工业文明的进一步发展，人们对岩石的认识和利用在不断地深入和发展，虽成果丰富，但也代价沉重，如近年来煤矿事故频繁发生，多数是由瓦斯、水等引起岩石的失稳破坏，给国家和人民的生命财产造成了无法估量的损失。这些灾害的发生表明，人们对岩石力学行为的认识和把握还远未达到令人满意的程度，现有岩石力学的分析方法及其可靠性还远不能满足岩石工程设计需要，很多工程实践的岩石力学问题亟待解决。对这些工程的设计和施工都要求系统地研究岩石的变形状态、破坏机制以及建立力学模型，以便为工程设计中预测岩石工程的可靠性和稳定性提供依据，并使工程具有尽可能的经济性。而这些工程建设问题不断给岩石力学的研究者提出了新的挑战，也大大促进了岩石力学的发展。

岩石力学是研究岩石与岩体力学性能的理论和应用的科学，是探讨岩石和岩体对其周围物理环境的力场的反应的力学分支。从力学的角度看，就是要解决岩石的变形、强度和破坏的力学性质和力学效应问题，因此岩石力学的发展同弹塑性力学、断裂力学、损伤力学、流变学、结构力学、地质学、地球物理学、固体物理学、矿物学和水化学等学科是分不开的。岩石是一种既复杂又特殊的材料，是由多种矿物颗粒、孔隙和胶结物组成的混合体，亿万年的地质演变和多期复杂的构造运动，又使其内部形成大量随机分布的微裂隙、微孔洞、节理、夹层和断层等。因此，岩石既不是一种理想的连续介质（存在宏观、细观、微观的不连续性），又不是严格意义上的离散介质（结晶材料）。这种似连续又非完全连续、似破断又非完全破断的特征使岩石的力学性质异常复杂，对岩石强度的研究明显不同于对金属材料、高分子材料强度的研究，也不同于对陶瓷、混凝土等这类与岩石有相似力学行为的材料的强度研究。近年来，随着断裂损伤力学、分形学、分岔理论、混沌学、耗散结构、突变理论、协同论等学科分支和研究方法相继渗入，岩石力学的非线性研究方面取得了很大的进展。尽管如此，迄今为止还没有一种普适的岩体物性关系，每种岩石物性关系只是在一定范围和一定条件下适应。这是因为岩石的变形和破坏性质不仅与其自身微结构密切相关，还受到温度、载荷、围压、孔隙水、腐蚀物质等环境因素的影响。因此现阶段研究各种条件下岩石的变形破坏特性和本构关系都具有重大的理论和工程实践意义。

岩石的流变性是指岩石在外界载荷、温度等条件下呈现出与时间有关的变形、流动和破坏等性质，主要表现在弹性后效、蠕变、松弛、应变率效应、时效强度和流变损伤断裂等方面。岩石流变是岩土工程围岩变形失稳的重要原因之一，比如地下工程在竣工数十年后仍可能出现蠕变变形和支护结构开裂现象，尤其是在软岩中成洞的地下工程，围岩显著的流变性给结构设计、施工工艺带来了一系列特殊问题。最适合储存核废料的盐岩和花岗岩，在载荷、高温、核辐射等条件下同样会产生流变，从而影响储藏洞室的稳定性。此外，煤与油页岩的地下气化、地热资源开发、煤层瓦斯的安全抽采和综合利用等工程所涉及的岩土工程问题往往与温度、载荷、应力波等有关。理论和试验证明，岩石在承受不同加载速率作用时，其本构关系和力学特性有很大差异，在常温和高温状态下岩石的力学性能也具有很大差异。而这正是研究岩体爆破机理、破坏判据以及岩体工程参数优化与长期稳定性等的理论基础。因此开展岩石不同温度和应变率下岩石力学性质演化研究，深入了解岩石高温蠕变变形及其破坏规律，对于岩石工程建设具有十分重大的现实意义和经济价值。岩体的破坏，通常是由于内部的微裂隙和微孔洞起裂、发展并最终相互贯通形成宏观裂纹所引起的。因此，研究岩体中的微裂隙和微孔洞的扩展、演化规律，弄清岩体破坏失稳的机理，无疑是能否正确评价岩体稳定性的关键。目前在岩石力学研究领域中，对岩石在常温静载作用下破坏的研究较多，但由于研究条件（设备）的限制，有关高温环境不同应变率下岩石破坏机制的研究较少。在不同温度与应变率作用下，岩石的力学性能与破坏特性将表现如何？这是近年来随着深部开采的出现面临的新的问题，这方面国外刚刚起步，并将成果初步应用于连续采矿机破岩方面，国内这方面则仍是空白。因此，进行煤系岩石不同温度与应变率下力学性质演化与高温蠕变特征的相关研究对解决岩石工程中的一系列问题有着重要的指导意义。

1.2 国内外研究现状

1.2.1 温度对岩石物理性质的影响

岩石的物理性质主要表现为岩石的导电性、弹性波速、热导率、热交换率、线膨胀系数、比热容、热扩散率、孔隙度、渗透率等。研究这些岩石物理性质随温度的变化规律，在地球物理学、能源开采、地热开发、灾害预测等方面有着广泛的应用。

1.2.1.1 高温作用下岩石导电性

高温高压下电性测量技术是人们获得地球内部物质组分、物质运动变化状态以及地球物理测量的重要手段[1]。从20世纪四五十年代起，国内外学者对高温高压下岩石的导电性做了大量的研究，已经有了长足的发展。

1989年，勒热夫斯基等指出，岩石电导率与温度的倒数呈负线性关系，即温度越高，岩石的电导率越大。柳江琳等[2-3]通过在高温(563～1 173 K)、高压(1.0～2.5 GPa)条件下，对花岗岩、玄武岩与橄榄岩三种岩石电导率的试验测试，得到了相类似的结论，在温度563～1 173 K的变化范围内，电导率发生了3～5个量级的变化，且在某些部位存在着电导率的突然变化。白武明等[4]进一步研究表明，当温度升高到岩石内部出现部分熔融时，电导率有几个量级的增大，对于辉橄岩11%的熔融可使电导率增大约两个数量级。

图1-1所示为玄武岩电导率-温度关系曲线。

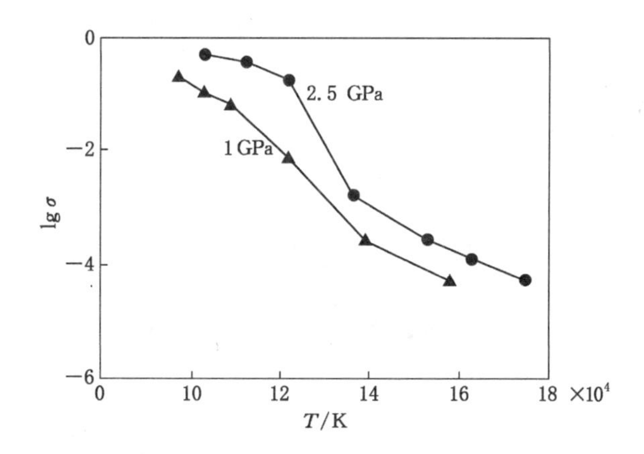

图1-1 玄武岩电导率-温度关系曲线

1.2.1.2 弹性波速

研究资料表明：温度对岩石弹性波速的影响显著，随着温度的升高，岩石纵波速度 v_p 不断降低，且各种岩石都存在一个波速急剧下降的临界温度[5-9]。

刘巍[10]利用超声波脉冲投射法、透射-反射联用法与频谱振幅比法研究了斜长角闪岩、橄榄岩及辉石岩等弹性波速和首达波的振幅、总能量、频谱等随压力及温度的变化特征。研究显示：橄榄岩和辉石岩的纵波速度在室温至1 240 ℃左右区间，随温度升高呈直线下降趋势；斜长角闪岩和闪长岩的纵波速度在室温至800 ℃左右时呈线性下降，当温度继续升高，波速迅速下降；蛇纹石化辉石岩的纵波速度在室温至500 ℃呈线性降低，当温度继续升高时，波速迅速下降。

白武明等[4]利用超声波脉冲测量弹性波速的方法研究了花岗岩、辉长岩、辉橄岩、花岗闪长岩及玄武岩弹性波速随温度变化的特征。试验结果表明：在给定压力条件下，升温至岩石内部出现部分熔融时，弹性波速大幅度下降。

张友南等[11]在高压 700～800 MPa、高温 800～1 100 ℃下对镁铁质、超镁铁质岩石波速进行实验测量，得到：在 700 ℃以内，波速随温度的降低幅度不大，当超过这个温度限时，大多岩石开始脱水出溶，相组合发生变化，波速大幅度降低，这一转折的机制是岩石中液相的产生(图 1-2)。岩石组分结构的各向异性决定着岩石弹性波速的各向异性，高温作用下岩石的结构特性发生改变势必对岩石弹性波速的各向异性产生影响。1975年，H.Kern 对不同温度下蛇纹岩、角闪岩、橄榄岩及大理岩的弹性波速各向异性进行研究，得到：蛇纹岩波速的各向异性最大，受温度的影响最显著，600 ℃后波速的各向异性明显增大，角闪岩与橄榄岩受温度影响较小，600 ℃后波速的各向异性略有增加，而大理岩波速的各向异性随温度的升高而降低。

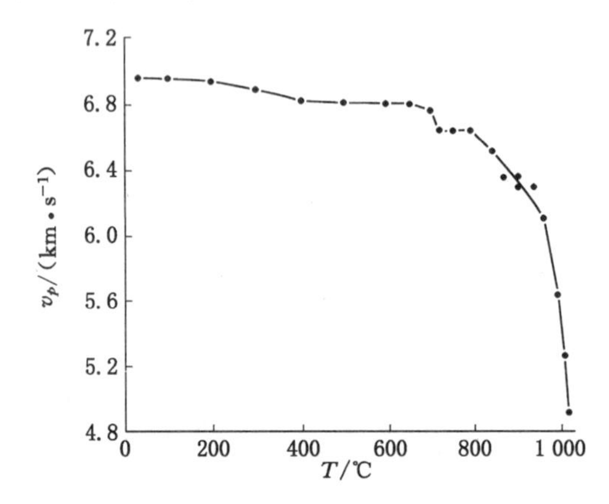

图 1-2　角闪岩波速随温度的变化曲线(压力 700 MPa)

1.2.1.3　热物理性质

研究岩石的热物理特性，在地球科学、地热开发、采矿、地震研究等方面有着广泛的应用。尤其在地热资源开发的应用中，岩石的导热系数、比热容、热容量、导温系数、线膨胀系数及热交换等参数是岩体工程中温度场的形成、温度场的分布特征、热应力场及热破坏特征的计算与模拟的基本岩体参数。

早在 1940 年，伯奇和克拉克发现在温度 0～600 ℃之间岩石的热导率[单位：W/(m·K)]与温度有以下关系[12]：

$$K_T = 0.418\left(\frac{600}{300+T}+4\right) \tag{1-1}$$

苏联库塔斯和戈尔迪恩斯研究认为：砂岩、石灰岩、黏土岩等沉积岩热导率有如下经验公式：

$$K_T = K_0 - (K_0 - 1.38)\left[\exp\left(0.725\,\frac{T-193.15}{T+403.15}\right)-1\right] \quad 20\ ℃ \leqslant T \leqslant 300\ ℃ \tag{1-2}$$

式中，K_0 为 20 ℃对应的热导率。

花岗岩、玄武岩、闪长岩等火成岩热导率有如下经验公式：

$$K_T = K_0 - (K_0 - 12.01)\left[\exp\left(\frac{T-293.15}{T+403.15}\right) - 1\right] \quad 20\ ℃ \leqslant T \leqslant 600\ ℃ \quad (1\text{-}3)$$

对于大多数岩石而言，随着温度的升高，岩石的热导率呈降低趋势。1982 年，R.S.C. Wai 得出在加热和冷却过程中石灰岩、片麻岩状的花岗岩热膨胀系数、导热系数公式。

① 石灰岩热膨胀系数：

$$\alpha_T = \left(4 + \frac{T}{60}\right) \times 10^{-6} \quad 0\ ℃ \leqslant T \leqslant 180\ ℃ \quad (1\text{-}4)$$

式中，α_T 为热膨胀系数。

② 片麻岩状的花岗岩热膨胀系数：

$$\alpha_T = \left(6 + \frac{T}{20}\right) \times 10^{-6} \quad 0\ ℃ \leqslant T \leqslant 180\ ℃ \quad (1\text{-}5)$$

③ 石灰岩导热系数(单位：m^2/s)：

$$\kappa_T = 1.2\left(1 - \frac{T}{360}\right) \times 10^{-6} \quad 0\ ℃ \leqslant T \leqslant 180\ ℃ \quad (1\text{-}6)$$

式中，κ_T 为导热系数。

④ 片麻岩状的花岗岩导热系数：

$$\kappa_T = 1.6\left(1 - \frac{T}{360}\right) \times 10^{-6} \quad 0\ ℃ \leqslant T \leqslant 180\ ℃ \quad (1\text{-}7)$$

1983 年，F.E.Heuze 总结前人在岩石比热容与温度间关系的研究成果时指出：岩石的比热容随着温度的升高而增大。

总之，中外的研究者们在温度作用下的岩石物理特性研究方面做出了许多有益的工作，但岩石的热膨胀系数、热导率等热物理性能随温度变化的不确定性，到目前尚未解决，有待于从内部机制来加以研究。

1.2.2　温度对岩石力学性质的影响

与常温下岩石相比，温度的升高，使得岩石内部结构将发生物理或化学性质的改变，同时也将对岩石的力学性能产生影响。在许多工程领域，如地热资源的开发利用、高放射性核废料地下贮存及石油开采等，人们需要了解岩石在温度作用下力学性质的变化规律。20 世纪 70 年代以来，国内外学者从不同角度和层次，对岩石在温度作用下的基本力学性质(包括弹性模量、抗压强度、泊松比、断裂韧性等)进行研究，得到了岩石的力学特性随温度的变化规律及岩石的破坏机理[13-36]。

弹性模量的变化对计算岩石热应力及变形特征等具有重要作用。徐小荷等在温度 20～600 ℃区间分别对石英岩、菱铁矿、白云岩、辉绿岩、石灰岩、页岩、石英岩、灰色花岗岩及花岗闪长岩测试了不同温度下岩石的弹性模量的变化。得出：几种岩石的弹性模量随温度的升高逐渐减小，但减小规律各不相同(图 1-3)。

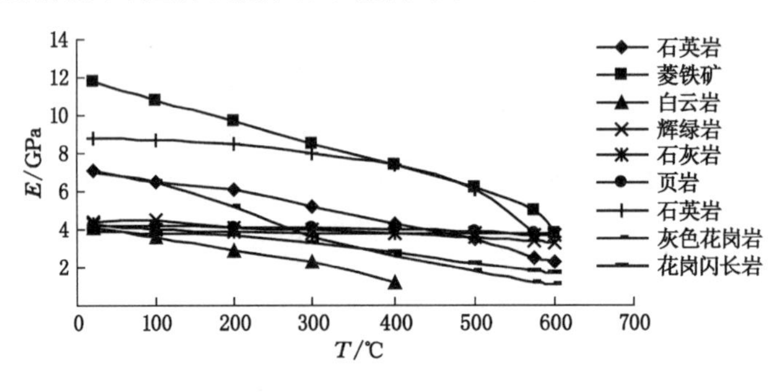

图 1-3　E-T 关系曲线

J.S.O.Lau 等[37]研究了较低围压下花岗岩的弹性模量、泊松比、抗压强度随温度的变化规律以及破坏准则。O.Alm[38]考察了花岗岩受到不同温度热处理后的力学性质，并对花岗岩温度作用下微破裂过程进行了讨论。张静华等[39-40]对花岗岩弹性模量的温度效应和临界应力强度因子 K_C 随温度的变化进行了研究。N.A.Al-Shayea 等[41]利用声发射来考察加热时岩石的损伤过程，测量了 Westerly 花岗岩在 20～50 ℃时的断裂韧性：

$$K_{\mathrm{I}C}=\frac{p\sqrt{a}}{\sqrt{\pi}RB}N_1$$

$$K_{\mathrm{II}C}=\frac{p\sqrt{a}}{\sqrt{\pi}RB}N_2 \tag{1-8}$$

式中，$K_{\mathrm{I}C}$和$K_{\mathrm{II}C}$分别为Ⅰ型和Ⅱ型应力强度因子，N_1 和 N_2 只与 a/R 和开槽方向与加载方向间的角度β有关，R 为 Brazilian 圆盘的半径，B 是圆盘的厚度，p 为破坏时的压缩载荷，a 为裂纹半长。寇绍全等[42]系统地研究了经过热处理的 Stripa 花岗岩的力学特性，得到了工程中需要的最基本的力学参数。M.Brede[43]研究了温度对材料韧脆转变的影响，发现韧脆转变温度随着加载速率升高而升高。M.Brede 等[44]认为温度对材料力学行为的影响主要体现在裂尖位错形核、发射和裂纹断裂的过程中。M.Oda[45]研究了岩石在温度作用下的基本力学性质、岩石的微破裂过程，得到了岩石的力学特性随温度的变化规律和岩石的破坏机理。桑祖南等[46]进行了辉长岩脆-塑性转化及其影响因素的高温高压试验研究，指出辉长岩在 600 ℃时以脆性破裂为主，700～850 ℃时为半脆性变形，含微破裂，900 ℃以上表现为塑性变形阶段。在试验温度压力范围内，辉长岩的强度主要取决于温度和应变速率，同时受围压影响，辉长岩的成分、结构对岩石的力学性质和变形机制有显著影响。许锡昌等[47-48]通过试验，初步研究了花岗岩在 20～600 ℃高温状态下主要力学参数随温度的变化规律，指出了 75 ℃、200 ℃分别是花岗岩弹性模量和单轴抗压强度的门槛温度，如图 1-4、图 1-5 所示。泊松比受温度的影响规律至今也未有定性结论，但指出泊松比大致随温度升高而略有增加。

杜守继等[49]对经历不同高温后花岗岩的力学性能进行了试验研究，分析了花岗岩应

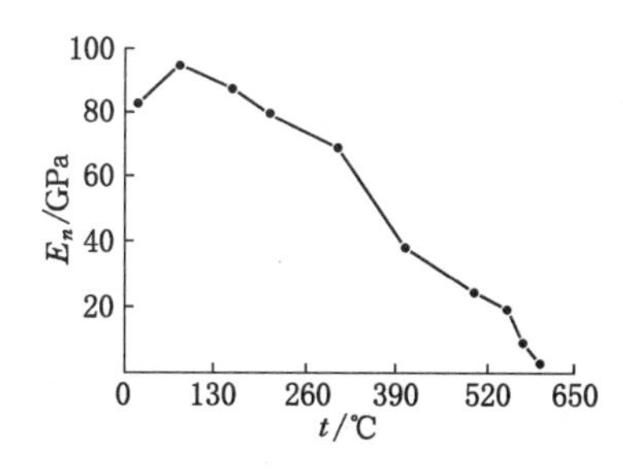

图 1-4 花岗岩弹性模量随温度的变化

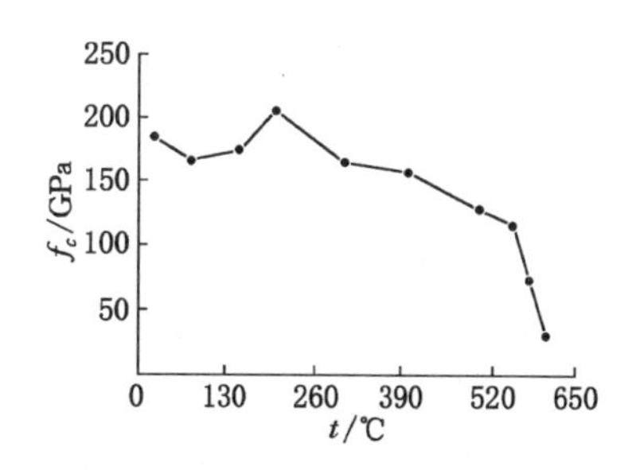

图 1-5 花岗岩单轴抗压强度随温度的变化

力-应变曲线、峰值应力、峰值应变、弹性模量和泊松比等的变化情况。王颖铁等[50-51]采用液压伺服刚性岩石力学试验系统，研究了大理岩在常温至 800 ℃高温作用下的应力-应变全过程特性，比较系统地分析了高温作用对大理岩的刚度、峰值应力、峰后特性及残余强度等的影响。朱合华等[52]通过单轴压缩试验，对不同高温后熔结凝灰岩、花岗岩及流纹状凝灰角砾岩的力学性质进行了研究，分析比较 3 种岩石峰值应力、峰值应变及弹性模量随温度的变化规律，并研究了峰值应力与纵波波速、峰值应变与纵波波速的关系。

吴忠等[53]对 44 块鹤壁六矿煤层顶板砂岩试件在高温下和高温后的力学性质进行试验研究，揭示砂岩的强度和变形特征随温度的变化规律。试验结果表明：随温度升高，高温下和高温后的砂岩的弹性参数（峰值应力、弹性模量、变形模量）均逐渐降低，但总体变化趋势相似，个别试件的弹性参数在 400 ℃前高于常温状态；两者相比，高温后砂岩的峰值应力、弹性模量和变形模量有所提高，两者受温度影响均以脆性破坏为主。这为研究煤炭地下气化时热作用下燃空区的围岩稳定及应力场和位移场的变化规律提供试验依据。张连英等[54-58]通过单轴压缩试验，对不同高温作用下大理岩、石灰岩、砂岩的力学性能进行了研究，考察了 3 种岩石的全应力-应变曲线，给出了其峰值应力、峰值应变、弹性模量 E 随温度的变化特征。研究结果表明：① 大理岩的峰值应力、弹性模量在常温至 400 ℃内呈现起伏变化；400 ℃后则呈平缓下降态势。② 石灰岩的峰值应力、弹性模量在常温至 200 ℃内，随温度升高呈下降趋势；在 200～600 ℃内变化不大；当 T>600 ℃后，呈现出急剧下降现象。③ 砂岩在常温至 200 ℃内，峰值应力呈下降趋势，弹性模量变化不大；在 200～600 ℃内，峰值应力呈上升趋势，弹性模量变化不大；当 T>600 ℃后，峰值应力、弹性模量均急剧下降。④ 对于峰值应变，石灰岩在常温至 600 ℃变化不大，当 T>600 ℃后，峰值应变急剧上升；大理岩、砂岩的峰值应变在常温至 200 ℃之间随着温度升高在降低，当 T>200 ℃后，峰值应变迅速增长。

目前，国内外关于高温条件下岩石力学特性变化规律研究多聚焦于岩石抗压强度、抗拉强度、抗剪强度、弹性模量、峰值应变、残余强度等力学特性参数上。通过大量研究可得出各类岩石力学性质受高温影响的变化规律，但缺乏多角度综合探讨高温对岩石力学特性变化的作用机理[59-69]。针对高温下岩石断裂（包含解理脆断和蠕变断裂）机理发生条件及转变规律认识不深，部分研究侧重拉伸（Ⅰ型）断裂的定性分析，需要进一步的理论探索。

1.2.3 高温作用下岩石的热开裂特征

岩石热开裂的研究，国内外尚处在起步阶段，目前以模拟各种温度条件下花岗岩、碳酸盐岩、砂岩等不同岩性热开裂状态的试验研究为主，大部分现象和认识是在试验研究的基础上获得的，理论研究开展得还很少[70-74]。

寇绍全[75]对 Stripa 花岗岩变形和破坏特性进行了热开裂损伤的试验，试验结果表明：经过中等温度(100 ℃左右)热处理后，Stripa 花岗岩的多数力学特性都出现极大值，这与裂纹密度及声速比在温度下取极小值对应，抗压强度随热处理温度的变化规律与抗拉强度和断裂韧性不同，Stripa 花岗岩的断裂韧性随拉伸强度的减小而减小；热处理温度低于 200 ℃时，花岗岩中包含的裂纹较少，主要在颗粒边界上，随热处理温度升高，颗粒边界更明显，温度越高，穿晶裂纹越普遍，经过 450 ℃和 600 ℃处理的样品的颗粒边界常发现裂纹包围的碎片。C.Simpson 等[76-79]研究了加热速率对火成岩热开裂的影响，结果表明：加热速率对火成岩的热开裂的影响是大的，由温度梯度和加热速率所产生的微裂纹和仅由高温所产生的不同，加热速率超过每分钟几摄氏度，微裂纹可在较低温度下产生，加热速率更低时，火成岩在 300 ℃以下都无明显的微裂纹生成。

Y.L.Chen 等[80]对美国 Westerly 花岗岩进行了热开裂现象的研究，同时系统地考察了声发射(AE)现象，研究表明：美国 Westerly 花岗岩在加热到约 75 ℃时产生热开裂，并伴随有声发射现象，且加热速率越大，声发射计数率越高，加热速率对声发射的阈值温度没有明显的影响。

陈颙等[81]用山东东营碳酸盐岩样品进行实验，实验结果表明：碳酸盐岩存在着 110～120 ℃的温度阈值，一旦达到或超过这个温度阈值，岩样的渗透率会有 8～10 倍的增长，超过阈值温度后进一步加热，碳酸盐岩的渗透率只是缓慢地增加。吴晓东等[82]通过室内大量岩芯的实验，认为岩芯经过高温热处理后，其渗透率、孔隙度等参数会发生较大的变化且这种变化存在一定的温度界限，不同类型的岩芯具有不同的温度界限。周克群等[83]将砂岩、碳酸盐岩和花岗岩等岩石从 30 ℃加热到 120 ℃以后再降温，对各温度点测量纵波速度，研究热开裂对储集岩石的物性影响，系统地考察了声学检测、磁共振技术等方法在检测岩石热开裂中的效果。张渊等[84]在实验室对岩石在温度影响下的声发射现象进行了初步的研究和探讨，认为长石细砂岩在温度影响下具有明显的声发射现象，并且随着温度的变化，声发射率也随之变化，具有两个声发射峰值区。声发射的振铃累积数在 70～90 ℃发生急剧变化，表明 70～90 ℃是长石细砂岩裂纹发育的温度门槛值。陈剑文等[85-90]就温度对盐岩的损伤、变形特征的影响做了一些探讨。邱一平等[91]对高温作用下花岗岩的热损伤进行了试验研究和力学分析。研究表明：岩石的热开裂存在一温度阈值[91-92]。

1.2.4 岩石热损伤理论和本构方程

损伤力学(包括宏观损伤力学和细观损伤力学)研究各种载荷条件下材料和结构中

各类损伤随变形而发展并最终导致破坏的过程和规律。由于岩石是含有微裂隙、微孔洞等初始缺陷的天然材料，因此利用损伤理论来研究岩石等含有初始缺陷的材料已被认为是最有效的研究方法，20 世纪 80 年代中后期，以宏观、细观、微观相结合的现代破坏力学的研究为固体力学的发展注入了新的活力，标志着人们对结构破坏过程的认识更加深刻。近年来，断裂力学、损伤力学和细观力学在岩石领域中的相关研究不断深入、结合和发展，组成了结构破坏过程理论的主要内容[93-109]。

刘泉声等[110-111]通过高温下的单轴抗压和三轴抗压蠕变试验来研究三峡花岗岩的某些力学性质受温度和时间共同作用时的变化规律，模型的本构关系如下式：

$$\frac{\eta_v}{E_v}\dot{\sigma}+\sigma=\frac{E_e+E_v}{E_v}\eta_v\dot{\varepsilon}+E_e\varepsilon_v-E_e\alpha_e\Theta-\frac{E_e\alpha_e+E_v\alpha_v}{E_v}\eta_v\dot{\Theta} \tag{1-9}$$

式中，Θ 为相对于参考温度 θ_g 的绝对温度 θ 的变化量，即 $\Theta=\theta-\theta_g$；E_e、E_v 为弹簧的刚度系数，α_e、α_v 为弹簧的热膨胀系数；η_v 为黏壶的黏度系数；σ 为总应力；ε_v 为应变；$\dot{\Theta}$ 为 Θ 的一次导数。

许锡昌[112]以弹性模量为研究对象，提出了热损伤的概念，参照 Lemaitre 损伤模型，给出了一维热-力耦合弹脆性热损伤本构方程的一般表达式：

$$\sigma=E_0[1-D(T)]\left[1-\left(\frac{\varepsilon}{\varepsilon_s}\right)^n\right]\varepsilon \tag{1-10}$$

式中，σ 为应力，ε 为应变，E_0 是 20 ℃时的弹性模量，$D(T)$为温度 T 时的损伤，ε_s、n 为拟合值。

徐燕萍等[113]分析研究了岩石在高温作用下的热弹塑性力学特性，研究了岩石的加、卸载过程，根据损伤力学的基本理论，推导了温度作用下的岩石热弹塑性力学特性本构方程。

谢卫红等[114-117]对高温作用下石灰岩在单向压缩和单向拉伸加载的细观结构进行了实时试验研究，探讨了岩石热损伤演化过程和热裂纹扩展、破坏特征，建立了岩石热裂纹生长的损伤模型。

X.Ma 等[118]做了黏土岩在压实过程中高温下的三轴试验，用扫描电镜观察分析图像，建立了黏土岩在压实过程中以微结构参数变化相关的微力学模型。基于该模型在压实过程中颗粒变化，颗粒的压痕变化，则黏土岩压实本构关系为：

$$\varepsilon_v=1-\sqrt{m_0/m}\cdot\left[1-3\cdot\left(\frac{d}{D}\right)^2+3\cdot\left(\frac{d}{D}\right)^4\right]+\sqrt{m_0/m}\cdot\left[\left(\frac{d}{D}\right)^6\right] \tag{1-11}$$

$$N=\frac{\pi\cdot D^2\cdot\sigma_{eff}}{m\cdot(1-\phi)\cdot\left[1+30.75\cdot(K_{fl})^{1/2}\cdot\dfrac{(1-V)^2}{E\cdot\sqrt{\sigma_{eff}}}\right]} \tag{1-12}$$

$$\dot{\varepsilon}_v=f(\varepsilon_v,m,\phi)\cdot e^{-E_a/RT}\cdot\sigma_{eff}^n \tag{1-13}$$

式中，ε_v 为体应变，m_0 为初始配位数，m 为配位数，d 为两个颗粒间接触的直径，D 为颗粒的直径，N 为法向载荷，σ_{eff} 为广义 Terzaghi 有效应力，K_{fl} 为液体的体积弹性模量，ϕ 为应力集中系数，V 为体积，E 为杨氏模量，E_a 为蠕变激活能，R 为气体常数，T 为温度，n 为蠕变定律的力功率。

1.2.5 温度作用下岩石微观断裂机理

自从 S.Liu 等[119]对岩石脆性破裂的机制做了系统的论述以后，许多岩石力学和地球物理工作者做了大量的实验和理论工作，试图揭示这一从微观到宏观的破裂发展过程。总的趋势是，研究逐渐从宏观向微观发展，从定性描述到试图得出一些半定量结果。

C.Z.Qi 等[120-121]对 Senones 和 Remirement 两种不同粒度花岗岩在 20～600 ℃范围内热处理过试件，通过扫描电镜（SEM）分析了岩样表面的裂纹长度、宽度、形状、密度、种类（晶间、穿晶、晶内裂纹）等变化特性，定量地研究了岩样的微观结构损伤对其力学性能的影响。图 1-6 和图 1-7 为花岗岩晶间、晶内裂纹长度随温度变化关系曲线。

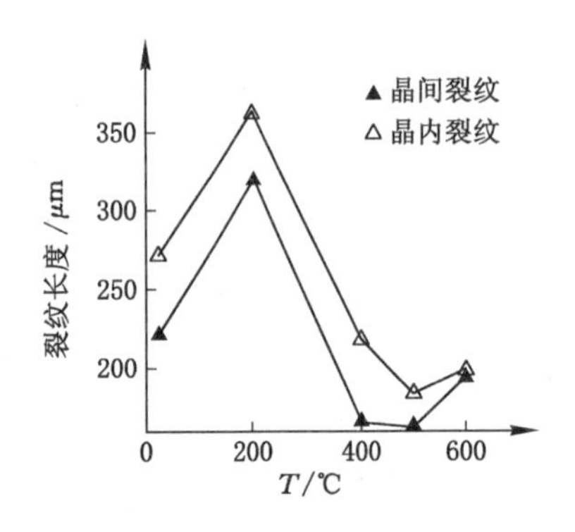

图 1-6 Senones 花岗岩晶间、晶内裂纹长度与温度关系曲线

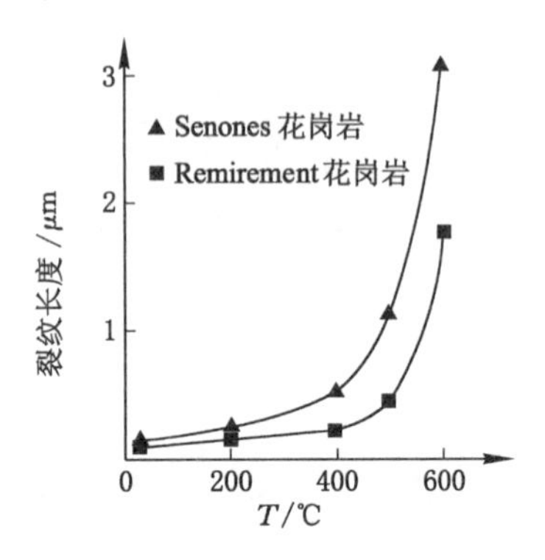

图 1-7 两种花岗岩裂纹长度与温度关系曲线

X.L.Xu 等[122]将试件加载到不同的应力水平，卸载后制成薄片，在光学显微镜下进行了观察。V.N.Kholodov 等[123]研究了 Westerly 花岗岩在单轴压缩蠕变实验中的微破裂事件累积数，并且对一些试件在临近破坏时卸载，切出薄片在光学显微镜下做了观察，结论是观察到的裂纹比记录到的事件数要少得多。有些学者[124-125]还曾采用揭膜法（例如 H.Sun 等）研究过受载岩石中的微破裂。

自从 E.S.Sprunt 等[126]将扫描电镜观测技术引入岩石微破裂研究以来，已有许多这方面的成果陆续发表。P.Tapponnier 等[127]研究了 Westerly 花岗岩中应力诱发的裂纹的扩展，他们的结论是很少看到与剪切有关的扩展裂纹，扩展裂纹大多数与颗粒边界有关，并与外应力方向成高角度。B.Menéndez 等[128]利用激光扫描显微镜（CSLM）对 La Peyratte 花岗岩进行了研究，通过预先加热或者加压使样品破裂，从而研究不同的破裂机理所产生的破裂形式。E.Gamboa 等[129]使用扫描电镜（SEM）对应力作用导致岩石破裂机理进行了研究，并对各种破裂表面进行了详细观察。E.O.Moustafa 等[130]利用扫描电镜观测了浙江花岗岩在室温下由 51.6 MPa 压力产生的裂隙的发育过程。观察花岗岩的表面以研究其微裂隙和矿物的解理、晶形及破裂作用。

张宗贤等[131]利用扫描电镜对岩石的热开裂等现象进行了分析讨论。赵永红[132]利用扫描电镜和光学显微镜对岩石裂纹发育进行实时观测，试验和现场研究结果表明岩石破裂带具有分形几何特征。刘小明等[133]对拉西瓦花岗岩在各种受力情况下岩石破坏断口进行了微观扫描电镜试验研究，分析了岩石微观破坏形貌特征和微观破坏力学机制。黄明利等[134]通过在扫描电镜下进行单轴加载试验，即时观察分析岩石受力过程中微裂纹的萌生、扩展和贯通破坏的全过程，得到各试样的应力-应变曲线及其所对应的微结构变化的电镜照片。孙钧等[135]通过扫描电镜下的一系列加载试验，对三峡船闸高边坡的闪云斜长花岗岩的细观损伤特性进行了研究；在此基础上，依据脆弹性岩体的细观损伤理论，进一步分析了岩石细观时效损伤对高边坡岩体稳定性的影响。姜崇喜等[136-137]在配置高精度单轴拉伸-压缩加载台的扫描电子显微镜(SEM)上，分别对大理岩、香港白岗岩试样在单轴压缩载荷条件下所出现的细观变形和强度特性进行实时、动态的观察与研究，阐述了大理岩初始细观组构及应力水平对裂纹产生、扩展方式的影响和其细观破坏过程的力学行为与宏观力学性能的关系，并介绍了用于 SEM 下单轴压缩载荷试验的岩石试样的制备方法和试验技术。谢卫红等[138]利用带扫描电镜的高温疲劳试验机等当时最先进的实验手段，实时观测了在温度和载荷同时作用下岩石在单向压缩和拉伸中微细观结构的变化、缺陷演化方式和变形破坏过程，对岩石在温度载荷作用下的细观结构特征和细观破坏机理进行了较为系统的试验研究。李树春等[139]取锦屏二级水电站引水隧洞大理岩进行高水压、高围压、低围压作用下全应力-应变过程三轴压缩对比试验，对大理岩破坏断裂断口进行微观扫描电镜试验，分析不同工况条件下大理岩断口微观形貌特征。谌伦建等[140]采用偏光显微镜、扫描电镜及岩石力学试验系统等仪器设备研究了煤层顶板砂岩在常温到 1 200 ℃范围内的力学特性和破坏机理。左建平等[141-144]利用岛津 SEM 高温疲劳试验系统实时在线观察，研究了不同温度作用下细观尺度砂岩的热开裂现象，发现温度低于 150 ℃时，砂岩几乎不发生热开裂；温度从 150 ℃升高到 300 ℃过程中出现大量的热开裂现象。张渊等[145-146]在细观尺度下观测了不同温度条件下细砂岩的矿物组分和微结构及其发展变化，以及内部微裂纹的发生和发展，发现微裂纹的形成、发展与温度有关，细砂岩微裂纹的宽度、长度随温度的变化具有突变性。

林为人等[147]通过常温及高温显微镜观察，查明了稻田花岗岩中流体包裹体的初始分布状态，并发现在高温条件下，由于流体包裹体的爆裂而导致花岗岩中微小裂纹的形成。王泽云等[148]利用电子显微镜对岩石微结构及晶胞进行了研究。刘兴华等[149]用 CT 检测技术观测了砂岩的细观损伤特性，定量地分析了岩石细观损伤的分布规律，即损伤满足分形分布。葛修润等[150]利用最新研制的与 CT 机配套的专用加载设备，进行了三轴(单轴)载荷作用下岩石材料破坏全过程的细观损伤扩展规律的实时 CT 试验，得到了在不同载荷作用下岩石材料中微孔洞被压密、微裂纹萌生-分叉-发展-断裂、岩石破坏-卸载等各个阶段清晰的 CT 图像。对得到的 CT 数等数据进行了分析，引入了初始损伤影响因子，定义了一个基于 CT 数的新的损伤变量，得到了损伤扩展的初步规律。赵阳升等[151]研制了 uCT225KVFCB 型高精度显微 CT 系统，采用该系统进行花岗岩在常温到 500 ℃高温下的三维细观破裂显微观测。

1.2.6 高温作用下岩石的蠕变特性

1983 年，柯比通过实验确定了高温高压下岩石的流变定律[20]：

$$\dot{\varepsilon} = A\sigma^n e^{\frac{-Q}{RT}} \tag{1-14}$$

式中，$\dot{\varepsilon}$ 为应变速率，σ 为差应力($\sigma_1 - \sigma_3$)，R 为气体常数，T 为温度，Q 为蠕变活化能，A、n 为实验常数。

张宁等[152-153]采用 20 MN 高温高压岩体三轴试验机对 ϕ200 mm×400 mm 大尺寸花岗岩试件在高温下的蠕变特征进行了试验研究。结果分析得到：花岗岩在 300 ℃、轴压 94 MPa、围压 75 MPa 时，经历蠕变的第一阶段和第二阶段，蠕变变形逐渐停滞，呈现明显的稳态蠕变的特征；在 400 ℃、轴压 125 MPa、围压 100 MPa 时，呈现明显的非稳态蠕变特征。花岗岩的蠕变性随温度和应力的升高而增强，蠕变性态转变的温度门槛值为 300～400 ℃。以试验结果为依据将静水应力引发体积蠕变，差应力引发轴向蠕变作为三维应力状态下黏弹塑性问题的假设，导出三维应力条件下 Burgers 体模型体积蠕变的本构方程。张曾荣等采用固体围压高温高压三轴变形试验装置，对望湘花岗岩做了不同温度、压力下的固态流变实验；变形试样做了光学显微镜和 TEM 分析。试样在较高温度压力下出现脆性-韧性过渡状态，望湘花岗岩中长石、石英和黑云母有不同的变形构造和流变性质[154-159]。郤保平等[160]从热力耦合作用下花岗岩的流变机制研究出发，建立热力耦合作用下花岗岩的流变模型，认为热力耦合作用下花岗岩的流变现象主要是热力耦合作用下岩体内晶间胶结物及晶粒内部产生的位错及微破裂过程，即温度产生的热破裂和应力产生的损伤破裂的复合破裂过程。微观结构上表现为晶格缺陷的位错及扩散、孔隙裂隙的张合、粒间协调变形及微观裂纹的产生、扩展贯通，宏观上标志着花岗岩体在热力耦合作用下力学特性的力学参数成为温度的函数[161-162]。内部微观结构(晶粒、晶粒边界、晶间胶结物及晶间孔隙)决定花岗岩在热力耦合作用下的流变特性及流变机制。黄炳香等[28]选择甘肃北山花岗岩为研究对象，利用改进的三点弯曲试验对花岗岩在温度影响下的蠕变断裂特性进行了初步的试验研究，并分析了应力-应变曲线的变化特点，得到了 200 ℃温度条件下北山花岗岩蠕变全过程曲线，研究了北山花岗岩断裂韧度随温度的变化规律，发现 75 ℃时断裂韧度出现极值，在 200 ℃以后呈下降趋势。D.T.Griggs 等[30]通过高温下的单轴抗压和三轴抗压蠕变试验来研究三峡花岗岩的某些力学性质(刚度、强度、黏聚力)受温度和时间共同作用时的变化规律。

1.2.7 不同应变率下岩石力学特性

近年来，国内外学者对岩石在不同应变率作用下的力学性能进行了大量的试验研究。吴绵拔等[163-165]曾做过相关的试验，得出岩石峰值应力及其应变、弹性模量均随应变速率的增加而增大和应变速率较高时岩石的峰值后卸荷刚度明显小于应变速率较低的状况的结论。W.A.Olsson[166]用两种实验设备对凝灰岩进行的应变速率为 10^{-6}～10^{3} s^{-1}的单轴抗压实验结果表明，当应变速率＜76 s^{-1}时，岩石试样的强度随应变速率的变化不大（当应变速率由 10^{-6} s^{-1}增加到 10 s^{-1}时，岩石的抗压强度约增加 10%；而当应变速率大于约 76 s^{-1}后，岩石试样的强度随应变速率的增加而大幅度增加）。J.Zhao 等[167]对 Bukit Timah 花岗岩进行的动单轴压缩试验结果表明，当应变速率由 10^{-5} s^{-1}增加到 10 s^{-1}时，花岗岩的抗压强度约增加 20%，同时，花岗岩的弹性模量和泊松比随应变速率的变化影响较小。Z.T.Bieniawski等[168-169]分别对细砂岩和凝灰岩等进行了不同应变速率下加载观测。K.P.Chong等[162]利用 Instron 电液伺服刚性试验机对油页岩进行了应变速率从 10^{-4}～10 s^{-1}的室内试验，S.Okubo 等[170]对应力峰值过后应变值减小所谓的第二类岩石进行不同应变速率作用下的试验，提出了峰值应力随应变速率增大而增大的经验公式。

综上所述，国内外学者对温度作用下岩石的力学特性研究做了许多有益工作，积累了丰富的经验。但以上研究大多从温度场下静力学角度出发，很少从不同应变率方面研究岩石的力学特性，从而无法了解岩石在不同应变率下与其所受温度之间的确切关系。有关岩石介质的破坏机制研究，主要局限于宏观尺度，微观尺度关于不同温度和应变率下岩石破坏机制的讨论还很少；岩石的破坏强度研究更多的是在常温条件下探讨，涉及高温作用时大多是停留在定性的解释，对综合考虑不同温度和加载速率下岩石力学性质演化及破裂机理的实验和理论研究较少；岩石蠕变特性试验研究大多停留在常温作用下，对于高温蠕变特性的研究还很少。因此，研究岩石不同温度和应变率下力学性质演化与高温蠕变特性是非常必要的。

1.3 研究内容与方法

1.3.1 主要研究内容

本书利用 MTS810 电液伺服材料试验系统以及与之配套的 MTS652.02 高温环境炉对泥岩进行实时加温加载的单轴压缩试验及高温单轴蠕变试验。运用 X 射线衍射分析及电镜扫描等试验手段研究其细观力学机制，分析温度与加载速率对泥岩力学性质和行为的影响。运用损伤力学、黏弹性理论和热力学理论，探讨高温作用下泥岩的力学特性、本构方程、损伤演化规律等。

1.3.1.1 不同温度和加载速率下泥岩力学性质的研究

(1) 泥岩的单轴压缩试验

对于泥岩试样，利用 MTS652.01 高温环境炉对各组岩样缓慢升温至 100 ℃、200 ℃、400 ℃、600 ℃、700 ℃、800 ℃（同组岩样升温至同一温度值）并保持恒温 0.5 h，利用美国

MTS810 电液伺服材料试验系统对不同温度下岩样进行高温下单轴压缩试验，其中载荷按位移控制方式施加，在同一温度水平下分 0.003 mm/s、0.03 mm/s、0.3 mm/s、3 mm/s 进行 4 级加载，得到岩样在不同温度和加载速率下基本力学性质。

(2) 泥岩的微观破坏机理研究

采用 X 射线衍射实验，从力学角度和结构晶体学理论分析泥岩经不同温度作用的物相特征。利用扫描电镜(SEM)实验获得的岩石断口几何图像，对不同温度和加载速率作用下泥岩断口的微观破坏形貌特征进行分析，建立泥岩的微观破坏特征及其力学机制模式与宏观特征之间的关系。

(3) 泥岩损伤演化与破坏机理研究

泥岩损伤演化与破坏机理研究主要包括：不同温度和加载速率下岩样的宏观损伤特性与演化规律研究；不同温度和加载速率下岩样的微观损伤演化机理研究；综合考虑温度和加载速率对损伤的影响，定义合适的损伤变量，推导单轴应力状态下损伤本构方程；不同温度和加载速率下岩样的破坏特征及破坏机理研究。

1.3.1.2　高温作用下泥岩蠕变特征研究

(1) 岩样高温蠕变的单轴压缩试验

对于泥岩试样，利用 MTS652.01 高温环境炉分别对各组岩样缓慢升温至 700 ℃(同组岩样升温至同一温度值)并保持 0.5 h，对恒温下岩样进行单轴压缩蠕变试验。第一步，加轴压至第一级载荷(载荷大小约为岩石压实阶段末对应的应力值)，恒载 0.5 h；第二步，加轴压至第二级载荷(载荷大小约为岩石弹性阶段中期对应的应力值)，恒载 0.5 h；第三步，加轴压至第三级载荷(载荷大小约为岩石弹性阶段末期对应的应力值)，恒载 0.5 h；第四步，加轴压至第四级载荷(载荷大小约为岩石 0.8 倍峰值应力值)，恒载 0.5 h，得到不同温度下泥岩的蠕变信息。

(2) 岩样高温蠕变损伤演化规律研究

岩样高温蠕变损伤演化规律研究包括：蠕变曲线、蠕变损伤演化等随温度的变化规律，并与常温下岩石的蠕变特征比较；以岩石流变学为基础和本次高温下岩石的蠕变试验数据规律为指导，建立高温作用下岩石的蠕变本构方程。

1.3.2　研究方法及技术路线

本项目主要借助于美国 MTS810 电液伺服材料试验系统及与其配套的 MTS652.01 高温环境炉、扫描电镜(SEM)、X 射线粉晶衍射实验仪等实验设备，结合断裂力学、损伤力学等理论方法，对岩石不同温度和加载速率作用下的力学性质与高温蠕变特征进行系统研究。其研究方法与技术路线如下：

① 采取煤系岩层中的泥岩，加工岩样 120 块。

② 借助于美国 MTS810 电液伺服材料试验系统及与其配套的 MTS652.01 高温环境炉，测定温度在 100～800 ℃范围，在同一温度水平下分 0.003 mm/s、0.03 mm/s、

0.3 mm/s、3 mm/s 4 级加载岩样的全应力-应变曲线。考虑岩样在常温、700 ℃下岩石的高温蠕变试验，轴向载荷采用分级加载的方式，测定高温蠕变曲线。泥岩在不同温度和加载速率下力学性质及高温蠕变性质的试验流程图如图 1-8 所示。

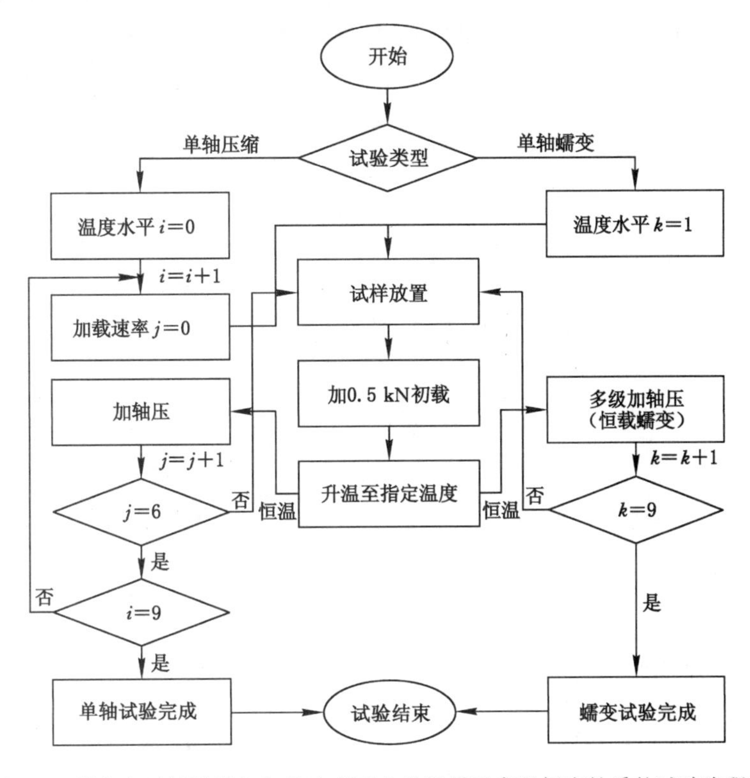

图 1-8 泥岩在不同温度和加载速率下力学性质及高温蠕变性质的试验流程图

③ 利用扫描电镜(SEM)等测定不同温度和加载速率作用下岩样破坏断面的特征，包括：表面形貌特征、粗糙度变化、裂隙的发育与扩展状况等。

④ 对上述测试结果总结整理，得出各种岩样在不同温度和加载速率下的力学性能变化规律及高温蠕变特性；在此基础上，借助岩石力学、损伤断裂理论，建立泥岩的损伤演化模型及本构方程，以揭示其损伤演化及破坏机理。

1.3.3 主要创新性

① 本书研究对组成煤系岩层的主要岩样泥岩进行不同温度和加载速率下其力学性能的系统测试，并对岩样损伤演化及破坏机理进行系统研究。现有研究大多从温度场下静力学角度出发，很少从不同温度和加载速率影响方面研究岩石的力学特性，从而无法了解岩石在不同载荷作用下与其所受温度之间的确切关系。

② 本书研究能实时测取岩样高温蠕变的力学性能参数，可得到岩样随温度变化的蠕变规律。而现有研究由于试验条件的限制，难于实现实时加热、加载条件的测量与分析，

因而，大多数都集中在岩样常温和高温后的力学性能研究，容易出现试验结果与工程实践偏差较多。

③ 以往有关温度影响下岩石破坏机制的研究主要从宏观的角度出发，而有关岩石微细观破坏机制的研究又多由于试验条件的限制，没有考虑温度的影响。本书通过扫描电镜（SEM）研究了泥岩在不同温度影响下的微细观破坏机制。

2 高温作用下泥岩力学特性的试验研究

岩石是一种极为复杂的地质材料。由于岩石中存在着大量类型各异的缺陷，这些缺陷和岩石材料本身一起构成了复杂的、千变万化的岩石微观结构，因而，导致了岩石物理、力学性质呈缺陷敏感性，以及岩石物理力学性能的测试结果表现出的极度的离散性。此外，研究高温环境下岩石工程问题是岩石力学的新课题，在石油开采、地热资源开发与利用、高放射性核废料的地层深埋处置、煤炭地下气化等工程问题的解决起着关键性作用。长期以来，国内外学者对岩石的力学性能进行了比较多的研究，主要有以下几个方面：① 基本物理力学参数的测定（包括岩石的变形模量、泊松比、抗拉强度、抗压强度、内聚力、内摩擦角、黏度、热膨胀系数等）；② 热裂化问题；③ 变形机制；④ 破坏准则和本构方程等。上述研究大部分仅限于岩石材料施加高温后的力学性能研究。

对于高温作用下煤系岩层尤其对于黏土类岩石（如泥岩、页岩等）物理力学的研究较少。事实上，岩石的热膨胀是不可逆的，它会受加温历史的影响，加热时的特性和冷却后的特性差异较大，因此其结果难以反映高温状态时的本质特性。对于像泥岩这样含黏土物质及胶结物较多、空隙率较大的岩石，在高温作用下其强度的变化较为复杂。在一定的温度水平下，会出现强度减小、变化不明显或者增强的现象，温度作用的宏观表现、破坏机理很不明朗，开展高温下泥岩力学特性的试验研究是十分必要的。

2.1 试验条件及方法

2.1.1 试验系统

与常温下材料力学性能测试不同，高温作用下岩石力学性能测试需要解决两个问题:① 载荷的施加;② 温度的施加。对于载荷的施加可采用通常的材料力学试验机实现,这里采用中国矿业大学岩石力学与岩层控制中心的美国 MTS810 电液伺服材料试验系统(图 2-1、图 2-2)。主要技术规格如下:

① 载荷范围:静载±150 kN,动载±100 kN。

② 试验频率:低频 0.000 01～12 Hz,高频 0.01～70 Hz。

③ 试验空间:宽度为 533 mm,高度为 146～1 308 mm。

④ 作动筒行程:150 mm。

⑤ 试样直径:0～16.5 mm。

全数控计算机数据采集,任意波形加载。

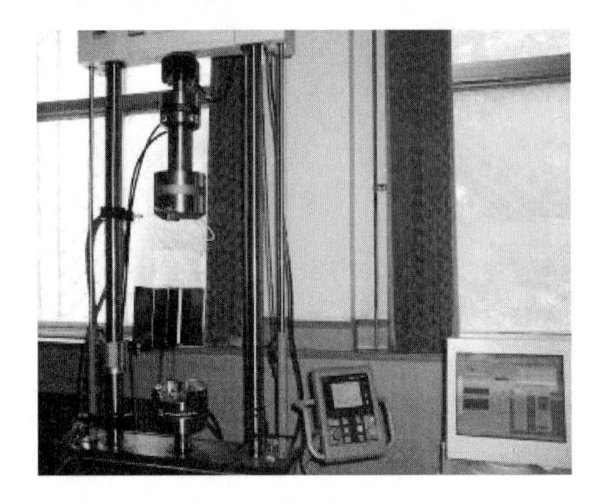

图 2-1　MTS810 电液伺服材料试验系统外观

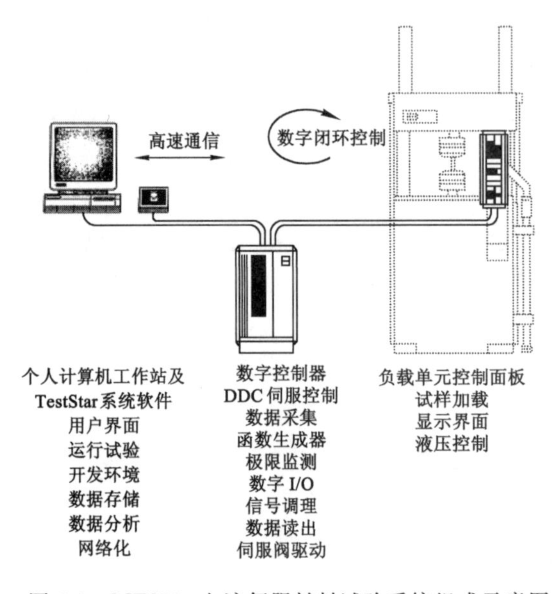

图 2-2　MTS810 电液伺服材料试验系统组成示意图

该试验系统具有标准单轴拉伸试验、压缩试验、弯曲试验、周期疲劳试验、裂纹扩展测定试验、断裂韧性试验6项试验功能。试验操作主要是通过 TeststarⅡ数字系统控制，极大地方便了试验数据的采集与分析处理。

对于温度的施加，则采用与MTS810电液伺服材料试验系统配套的MTS652.02高温环境炉来实现，其外观和组成情况如图2-3、图2-4、图2-5所示。该高温环境炉整体高度为220 mm，热区域高度为185 mm，热区域宽度和深度都为62.5 mm，标距长度50 mm，施加的温度范围为常温至1 400 ℃。图2-4为该高温环境炉与MTS810电液伺服材料试验系统的匹配工作情况。

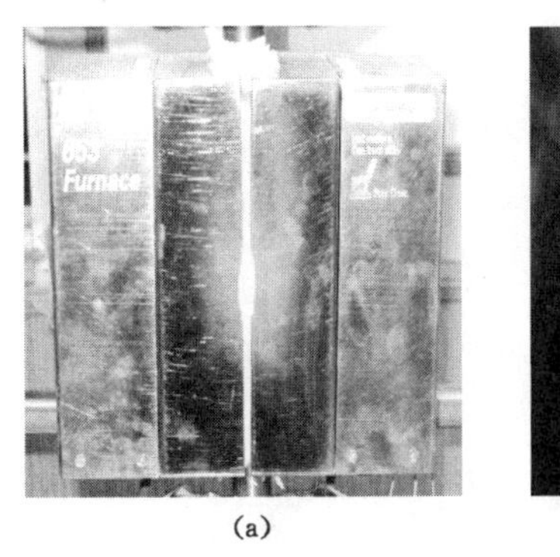
(a)

(b)

(c)

图2-3　MTS652.02高温环境炉

(a) 高温炉外观；(b) 高温炉内部；(c) 温控系统

图2-4　MTS810电液伺服材料试验系统与MTS652.02高温环境炉的匹配工作

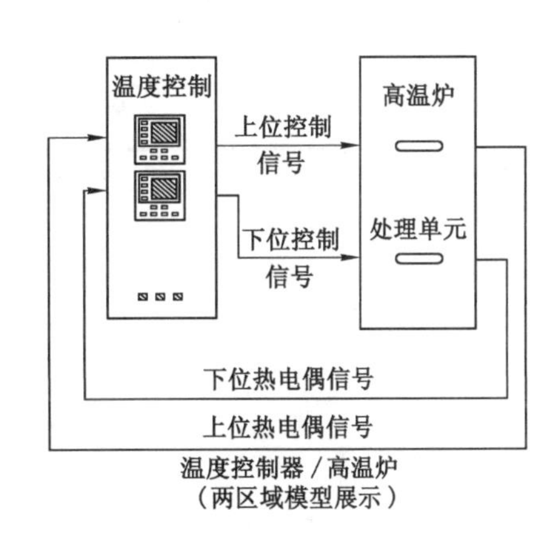

图2-5　MTS652.02高温环境炉系统组成示意图

实时高温下岩石力学性能测试要求在保持一定的恒温状态下，对岩石试样进行加载试验。在本书中，采用MTS810电液伺服材料试验系统以及与之配套的MTS652.02高温环境炉来实现。

2.1.2 试样制备

试验所选用泥岩取自徐州张双楼矿−1 000 m掘进工作面，试件在中国矿业大学深部岩土力学与地下工程国家重点实验室加工完成。一般地，不同尺寸、形态对岩石力学性能参数测定具有明显的影响，但考虑到本试验中使用的高温环境炉内腔容积的限制，将本试验的岩样加工成直径20 mm，高45 mm的圆柱体，试样符合《岩石物理力学性质试验规程》(DZ/T 0276.1—2015)对岩样尺寸的要求。试样加工时首先用立式钻机钻取相同直径的岩样，然后用切割机截取相同高度岩样，最后用双端面磨石机将岩样的两个端面磨平，以改善测试结果的离散性。试件加工精度按照《工程岩体分级标准》(GB/T 50218—2014)执行。共计制备试样25块。泥岩试样如图2-6所示，泥岩试样尺寸见表2-1。

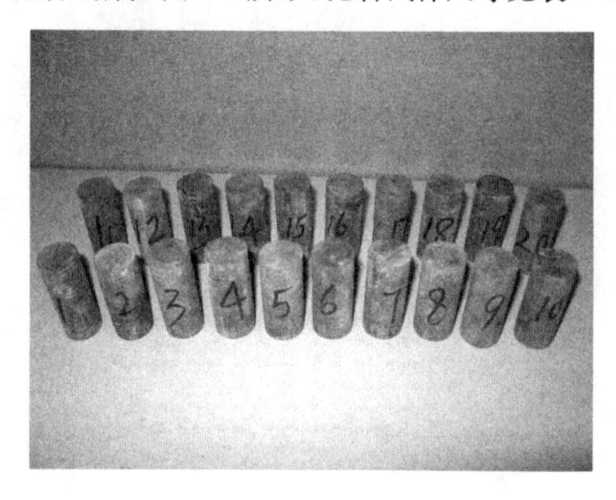

图2-6 部分泥岩试样

表2-1 部分泥岩试样尺寸

试样编号	直径 D/mm	高度 H/mm
1#	19.83	45.43
2#	19.66	45.21
3#	19.60	45.50
4#	19.84	45.30
5#	19.65	45.71
6#	19.68	44.76
7#	19.64	45.26
8#	19.91	45.53
9#	19.68	45.66
10#	19.84	44.83
11#	19.90	44.66
12#	19.63	45.50
13#	19.74	45.31
14#	19.74	45.12

表 2-1(续)

试样编号	直径 D/mm	高度 H/mm
15#	19.45	45.26
16#	19.58	45.17
17#	19.73	49.95
18#	19.68	45.06
19#	19.78	45.52
20#	19.67	45.08
21#	19.60	44.85
22#	19.68	44.60
23#	19.73	45.00
24#	19.84	44.89
25#	19.59	45.22

2.1.3 试验方法

通常试验机加载系统与温度加载系统是独立的,因此高温作用下的岩石力学性能可以有如下测试方法:

① 先将试样加温到某一温度值,使其稳定不变,然后施加轴向载荷,可测得在某一温度状态下材料的力学性能。

② 先将试样加载到某一定值,然后对试样加温,得到某一恒定载荷作用下材料的力学性能。

③ 先将试样加温到某一温度值,再将其冷却到常温,然后施加轴向载荷,可测得在某一温度作用后的材料力学性能。

本书中采用第一种方法,即测定泥岩在高温状态下的力学性能。

常温下单轴压缩试验方法及过程如下:首先,正确安放试件,确保试样两端面与压力机加载构件之间接触良好。将传感器固定装置套在承力座上,并安装好轴向位移传感器,使其与试件接触良好。在此基础上,按下列方式设定相关试验参数:

① 通过终端控制计算机将试验方式设定为单轴压缩试验。

② 将轴向变形位移传感器的量程控制模式选择为自动并设定每一步的试验参数,以便试验系统自动完成试验。

③ 将控制方式选择变形控制。

④ 设定位移极限值、载荷极限值以及加载速率(加载速率设定为 0.003 mm/s,位移和载荷的极限值可根据经验大致设定)。

高温作用下单轴压缩试验方法及过程如下:试验方法类似于常温下的单轴压缩试验,所不同的是试样加热、恒温及加载都是在加热炉中进行的。整个试验主要包括以下几步:

① 选取泥岩试样,测量其直径、高度,并编号。

② 用石棉将泥岩试样包裹好,露出试样两端面,并用石棉线缠绕。

③ 启动试验系统油泵与水泵,启动 MTS810 电液伺服材料试验系统。

④ 将包裹好的泥岩试样放入试验机压头(图 2-7),调整好位置,关闭高温炉。

图 2-7　泥岩试样包裹与放置

⑤ 泥岩试样加热。将岩样安装完毕后,以 2 ℃/s 的升温速率将泥岩试样温度升至预定温度。为确保泥岩试样受热均匀,参照国内外学者的实际经验,将泥岩试样恒温 20 min。

⑥ 泥岩试样加载。在均匀温度场中采用电液伺服位移控制方式对泥岩试样实施加载,位移加载速率为 0.003 mm/s,直至泥岩试样破坏为止。加载过程中利用 TeststarⅡ控制程序来按预定的要求完成试验过程,同时记录下相关物理量的值:轴向载荷、轴向位移、轴向应力及应变等。图 2-8 给出了整个试验的流程图。

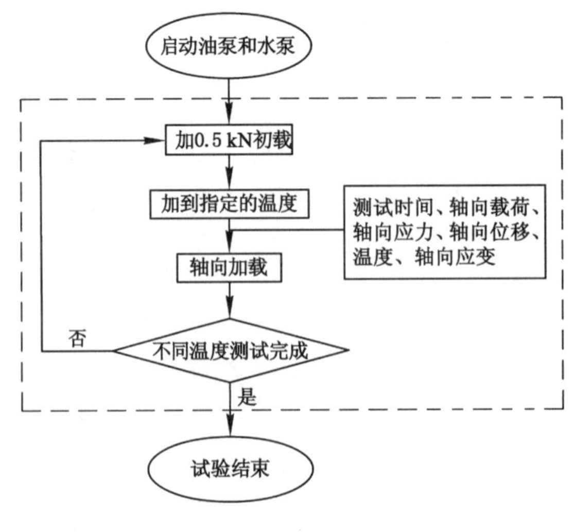

图 2-8　试验流程图

2.2 高温作用下泥岩的变形特征

2.2.1 高温作用下泥岩的应力-应变曲线

图 2-9 及图 2-10 给出了在常温至 800 ℃ 7 个温度条件下，泥岩的轴向应力-应变曲线图和应力-应变曲线图。根据全应力-应变曲线特征，不同温度下泥岩的应力-应变曲线整体可以分为如下几个阶段：

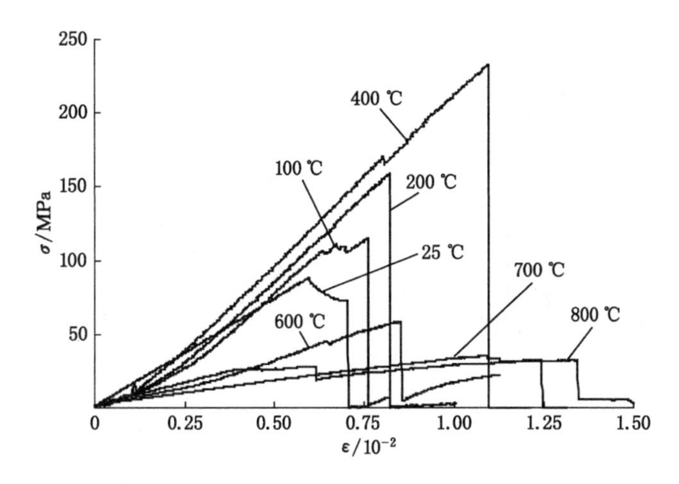

图 2-9 不同温度作用下泥岩轴向应力-应变曲线

2.2.1.1 压密阶段

该阶段应力-应变曲线略呈下凹状。对于自然状态下的岩石，其内部存在着大量分布不均的微观裂隙与微空隙，在较低轴向应力的作用下，岩石内部微观裂隙在一定程度上逐渐闭合、微空隙不断收缩。宏观上表现出岩石的抗变形能力不断加强，即弹性模量不断增加。

2.2.1.2 近似线弹性阶段

该阶段应力-应变曲线近似呈一条斜直线。随着轴向应力的增加，岩石内部微裂纹闭合及微空隙收缩到一定程度后不再进一步发展，同时，应力的作用又不足以产生新的裂纹或者迫使原有裂纹发生扩展演化。可以认为在该阶段岩石内部的微观缺陷基本不变，或者变化幅值很小、速率较为缓慢，弹性变形能不断聚集。由于该阶段应力-应变曲线具有较好的线性关系，同时又表现为可恢复的弹性变形，一般取该斜直线的斜率作为岩石的平均弹性模量，记为 E_{av}。

2.2.1.3 微裂纹演化阶段

该阶段岩石的应力-应变曲线开始偏离直线发展。轴压的进一步增加，使得岩石内部裂纹尖端应力场不断增强，裂纹尖端的应力强度因子也不断增大，直至达到临界值，导致

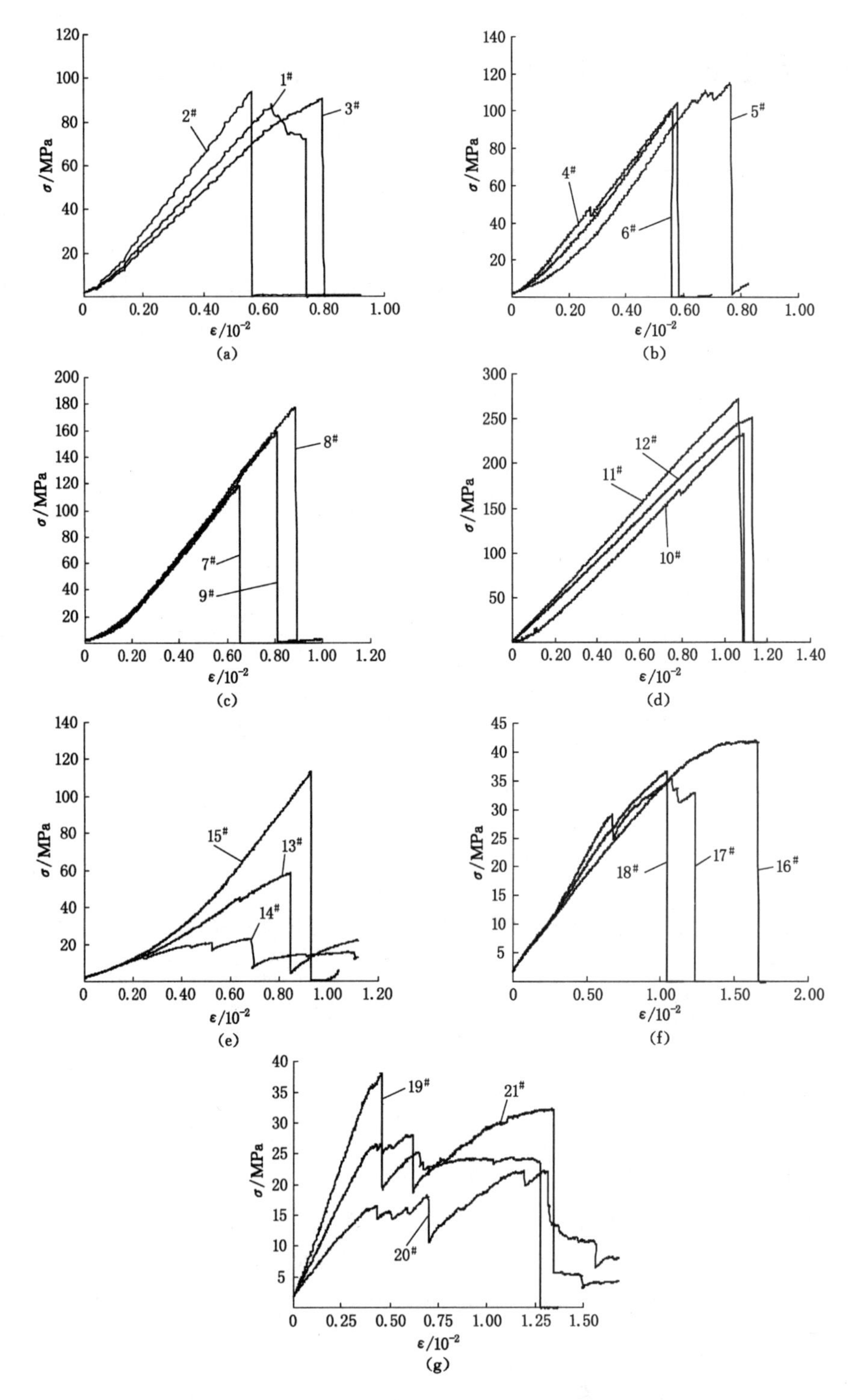

图 2-10　不同温度作用下泥岩的应力-应变曲线

(a) 25 ℃;(b) 100 ℃;(c) 200 ℃;(d) 400 ℃;(e) 600 ℃;(f) 700 ℃;(g) 800 ℃

裂纹失稳扩展；另外，岩石内部强度较低的微元在应力作用下开始破坏，形成新的裂纹缺陷。整体上表现出岩石的弹性模量略有降低。

2.2.1.4　裂纹非稳定扩展阶段

该阶段应力-应变曲线向下弯曲。微裂纹扩展进入非稳态扩展阶段，岩样的轴向应变率及体积应变率增长迅速。在该阶段末，岩样的承载能力达到最大，即出现峰值应力。

2.2.1.5　应变软化阶段

该阶段为下降曲线段，岩样承载力达到峰值后应力-应变曲线出现负刚度现象，岩样承载能力迅速下降，但岩样仍保持完整性，岩石呈现弱化现象。岩石裂纹大量形成，裂纹不断扩展、延伸、交汇并形成宏观裂隙。

2.2.1.6　残余强度阶段

岩样经过应变软化阶段后，轴向应力降低到一恒定的残余强度值或应力降低至零，岩样变形以裂隙岩块的错位滑移为主。

由图 2-9 和图 2-10 可以看出：

① 温度环境在常温至 400 ℃之间，当轴向应力达到峰值应力后，岩样轴压迅速下降为零，无残余强度或残余强度很小；当温度环境在 600～800 ℃区间范围，岩样轴向应力达到峰值后仍然保留一定的残余强度。

② 温度环境在 600 ℃后，岩样的应力-应变曲线出现了多次应力降的现象，尤其以 800 ℃条件下表现得最为突出。其中，$20^{\#}$ 岩样在压缩过程中，分别在轴向应变 4.50×10^{-3}、7.09×10^{-3}、1.21×10^{-2} 及 1.33×10^{-2} 处出现了 4 次幅度较大的应力降。

③ 不同温度下，岩样的线弹性段占应力-应变曲线的比例不同。其中，以常温下比例最大，说明该组泥岩在常温状态下具有较好的弹性变形特征。

④ 在常温状态下，泥岩应力-应变曲线的初始压密阶段不是很明显，这主要是由于该组泥岩具有较好的密实性，其岩样内部初始微裂纹及微空隙含量较少，岩样的孔隙度小。随着温度的升高，岩石内部水分(包含：外在水分，附着在岩石颗粒表面和大毛细孔中的水分；内在水分，吸附或凝聚在颗粒内部的毛细孔中的水分。温度超过 100 ℃时，外在水分完全蒸发出来)开始溢出，同时，泥岩中的有机质开始热分解，产生挥发成分，夹杂在泥岩中的硫在 120 ℃左右发生融化，使得泥岩空隙率增加，延长了压密阶段。在100 ℃、200 ℃条件下，岩石的应力-应变曲线存在明显的下凹区段。

⑤ 总结常温至 800 ℃条件下各组泥岩的应力-应变曲线，大致可以将泥岩的应力-应变曲线归纳为如下 3 类：

a. 延-弹性曲线　应力-应变曲线存在一定压密阶段，在低轴压时，应力-应变曲线呈下凹形，当轴压增加到一定数值时，应力-应变曲线转变成直线形或近似直线形，直到轴压达到峰值应力时，岩样突然破坏，如图 2-11(a)所示。

b. 弹-延性曲线　应力-应变曲线的压密阶段较短，在低轴压时，应力-应变关系近似为一条斜直线，当轴压增加到一定数值时，应力-应变曲线向下弯曲，而且随着轴压的增加，曲线的斜率越来越小,直至轴压达到峰值应力时,岩样突然破坏,如图 2-11(b)所示。

c. 弹-延-蠕变性曲线　应力-应变曲线在低轴压时有一段近似直线。当轴压增加到一定数值时,应力-应变曲线向下弯曲,而且随着轴压的增加,曲线的斜率越来越小。当轴压进一步增加到某一数值时,应力出现小幅振荡变化,应变不断增加,如图 2-11(c)所示。

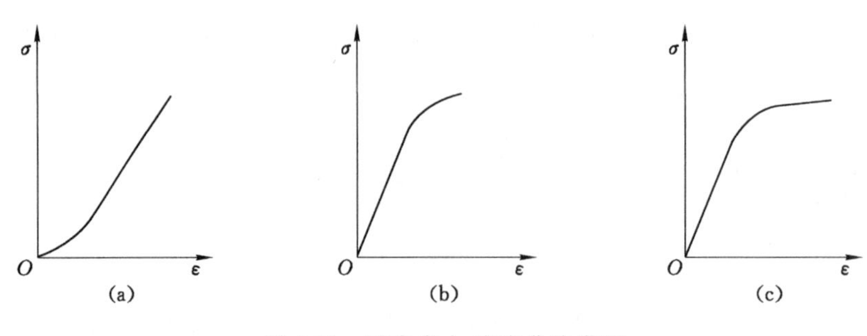

图 2-11　泥岩应力-应变曲线类型

2.2.2　高温作用下泥岩的变形模量

岩石材料的弹性模量是岩土工程设计中重要的性能参数,决定了岩石的刚度特性。从宏观角度上讲,岩石的弹性模量是衡量岩石材料抗变形能力大小的量度;从微观角度上讲,反映了岩石材料微观结构、晶体结构等相互间的结合强度。影响岩石材料弹性模量的因素有晶体结构、化学成分、微观组织、应力、温度等。岩石弹性模量的定义有很多种,在本书中重点讨论泥岩平均弹性模量 E_{av} 与割线弹性模量 E_{50} 随温度变化的性质。利用不同温度下泥岩的应力-应变全过程曲线上岩样达到峰值应力前的近似直线段,计算得出岩样的平均弹性模量,利用泥岩的应力-应变全过程曲线上 50% 抗压强度的点与原点连线的斜率,计算得出岩样的割线弹性模量,具体的泥岩弹性模量的变化规律如表 2-2 所示,图 2-12 及图 2-13 分别给出了泥岩平均弹性模量及割线弹性模量随温度 T 的变化曲线。

表 2-2　高温作用下泥岩平均弹性模量 E_{av} 与割线弹性模量 E_{50} 变化规律

温度 T/℃	试样编号	平均弹性模量 E_{av}/GPa		割线弹性模量 E_{50}/GPa	
		单块岩样	算术平均值	单块岩样	算术平均值
25	1	7.11	11.02	4.49	10.13
	2	14.68		14.60	
	3	11.26		11.31	
100	4	19.84	20.52	15.99	14.78
	5	20.48		13.41	
	6	21.25		14.94	

表 2-2(续)

温度 T/℃	试样编号	平均弹性模量 E_{av}/GPa		割线弹性模量 E_{50}/GPa	
		单块岩样	算术平均值	单块岩样	算术平均值
200	7	21.43	21.50	15.39	14.62
	8	23.14		14.27	
	9	19.92		14.21	
400	10	23.01	24.67	19.76	22.52
	11	25.62		25.40	
	12	25.37		22.41	
600	13	8.65	6.63	6.44	8.53
	14	4.61		5.45	
	15	17.97(异常)		13.70	
700	16	4.58	3.91	4.05	3.72
	17	3.77		3.40	
	18	3.37		3.70	
800	19	9.11	6.63	9.26	7.12
	20	3.95		4.78	
	21	6.83		7.32	

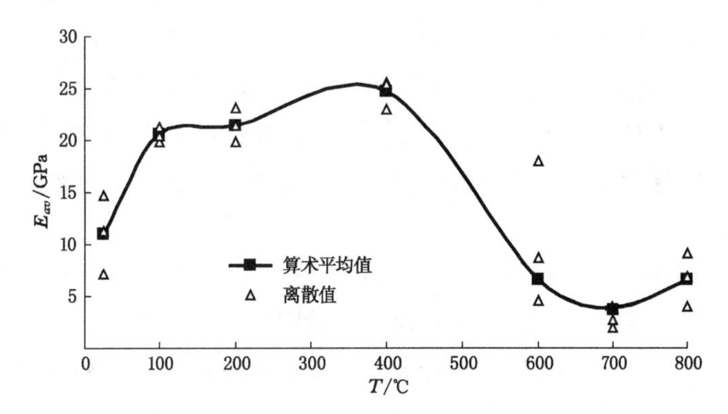

图 2-12　平均弹性模量 E_{av} 随温度的变化曲线

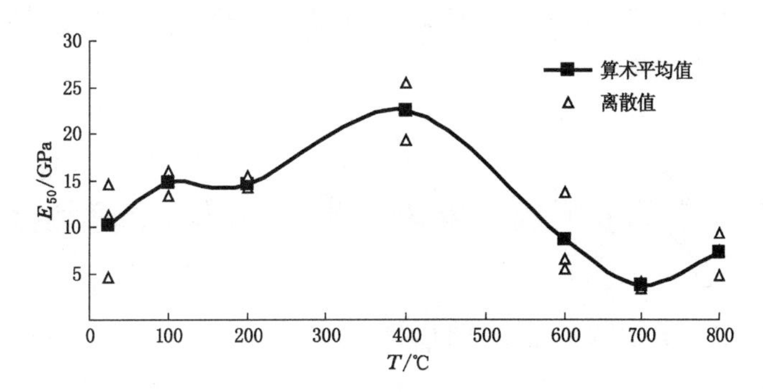

图 2-13　割线弹性模量 E_{50} 随温度的变化曲线

由图 2-12 及图 2-13 可以看出：

① 泥岩所处的高温环境在 400 ℃以内时，平均弹性模量随着温度的升高呈现明显的增加趋势，在温度由常温增加到 400 ℃的过程中，泥岩的平均弹性模量由 11.02 GPa 增加到 24.67 GPa，增幅达 123.87%。其中，温度由 25 ℃增加到 100 ℃时，平均弹性模量随温度变化梯度最大。当所处温度环境大于 400 ℃后，泥岩的平均弹性模量随温度的升高而急剧下降，600 ℃后，下降趋势减缓。温度由 400 ℃增加到 800 ℃，泥岩的平均弹性模量由 24.67 GPa 降低到 6.63 GPa，降幅达 73.13%。

② 由于岩石的割线弹性模量受加载初期阶段(压密阶段)的影响较大，同时，在不同温度条件下泥岩的应力-应变曲线在压密阶段的体现各不相同，因此，不同温度下泥岩的割线弹性模量变化与平均弹性模量的变化有所不同。由表 2-2 可以看出，温度从 25 ℃增加到 400 ℃，割线弹性模量从 10.13 GPa 增加到 22.52 GPa，增幅 122.31%；而当温度大于 400 ℃后，割线模量迅速下降，温度从 400 ℃增加到 800 ℃，割线弹性模量从22.52 GPa 减小到 7.12 GPa，降幅达 68.38%。

③ 综合分析可以得出，温度对泥岩的变形特征有显著影响。温度在 25～400 ℃时，泥岩的弹性模量随温度的升高呈增加趋势；温度在 400～800 ℃时，泥岩的弹性模量随温度的升高呈降低趋势，尤其在 600 ℃左右时，弹性模量迅速下降。

关于泥岩弹性模量随温度变化的响应，主要有以下几方面因素的影响：

a. 热蒸发　泥岩矿物表面及空隙中的水分在温度作用下(100～400 ℃)从泥岩中挥发出来，为泥岩的受载压密提供更多的空间，在轴压的作用下，泥岩内部微裂纹开度减小，甚至闭合，初始微空隙收缩，当应力状态进入线弹性阶段后，此刻泥岩具有了较好的密实度。这样在热蒸发与轴力压密的共同作用下提高了泥岩的密实程度，进而提高了泥岩的抗变形能力。

b. 热软化　当泥岩处于较高温度(600 ℃以后)时，泥岩矿物颗粒胶结物在高温作用下刚度降低，矿物颗粒间滑移增大，因而弹性模量降低。

c. 热熔与热挥发　温度升高到一定程度后，泥岩部分物质开始熔化，这种熔融态物质对泥岩颗粒的滑移起到润滑作用。

d. 热开裂　当温度超过 600 ℃以后，由于泥岩不同矿物颗粒具有不同热膨胀系数，不同矿物颗粒的不同热膨胀变形，引起矿物结构产生热应力。强度不同的泥岩矿物在热应力作用下会产生微裂纹。

2.3 高温作用下泥岩的强度特性

2.3.1 高温作用下泥岩的峰值应力

在载荷作用下，岩石内部弹性能不断聚集，并随着岩石材料损伤破坏的发展，贮存在岩石内部的弹性应变能便以弹性波的形式向外释放，产生声发射现象。人们可以通过岩石在受载过程中的声发射信息来了解岩石内部微裂纹的演化过程。图 2-14 给出岩石全应力-应变曲线与声发射率的对应关系。

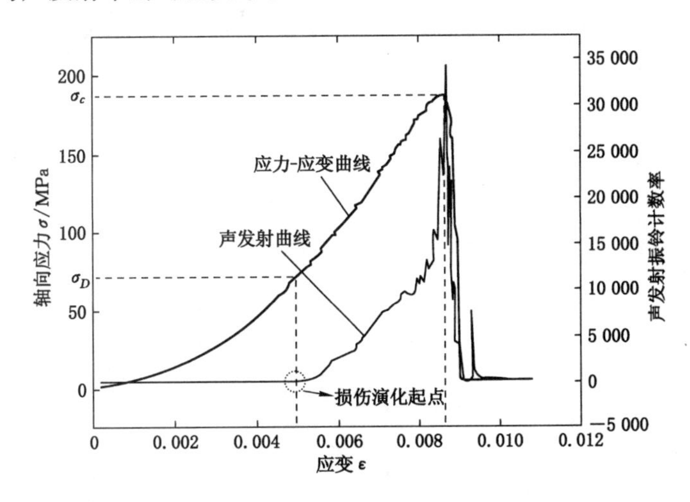

图 2-14 岩石全应力-应变曲线与声发射率关系

对应于岩石的应力-应变曲线，声发射规律大致分为初始闭合段、缓慢上升段、峰值前段、峰值段和沉寂段。由图 2-14 可以看出，在轴向应力达到 30%～40%峰值应力后，声发射曲线开始上升。也就是说，此时岩石内部有微观裂纹产生。参考文献[131]中认为，岩石材料的微损伤演化存在某个阈值点，当轴向应力达到约 36%峰值应力时，岩石试样出现微观裂纹。我们可以定义损伤阈值应力：

$$\sigma_D = \sigma_c \times 36\% \tag{2-1}$$

式中，σ_c 为峰值应力。根据式(2-1)的定义，损伤阈值应力 σ_D 随温度的变化规律与峰值应力 σ_c 随温度的变化规律相一致。

表 2-3 给出了高温作用下泥岩损伤阈值应力 σ_D 与峰值应力 σ_c 随温度的变化规律，图 2-15 给出了高温作用下泥岩峰值应力 σ_c 随温度的变化曲线。

表 2-3 实时高温作用下泥岩损伤阈值应力 σ_D 与峰值应力 σ_c 随温度 T 的变化规律

温度 T/℃	试样编号	损伤阈值应力 σ_D/MPa		峰值应力 σ_c/MPa	
		单块岩样	算术平均值	单块岩样	算术平均值
25	1	14.99	23.47	41.66	65.21
	2	31.66		87.94	
	3	23.77		66.02	
100	4	37.60	38.10	104.45	105.83
	5	40.85		113.48	
	6	35.84		99.55	

表 2-3(续)

温度 T/℃	试样编号	损伤阈值应力 σ_D/MPa		峰值应力 σ_c/MPa	
		单块岩样	算术平均值	单块岩样	算术平均值
200	7	43.46	53.94	120.72	149.82
	8	63.84		177.33	
	9	54.51		151.42	
400	10	83.80	91.46	232.79	254.05
	11	98.00		272.21	
	12	92.57		257.15	
600	13	21.07	14.68	58.53	40.76
	14	8.28		22.99	
	15	106.08(异常)		294.66(异常)	
700	16	14.92	13.62	41.45	37.84
	17	12.73		35.36	
	18	13.21		36.71	
800	19	13.73	11.24	38.15	30.80
	20	8.02		22.12	
	21	11.96		32.14	

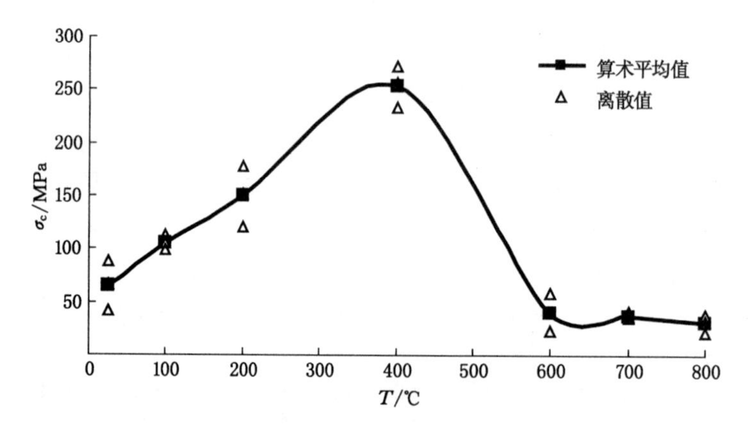

图 2-15　峰值应力 σ_c 随温度 T 的变化曲线

由表 2-3 及图 2-15 可以看出，当环境温度在 400 ℃以内时，泥岩的峰值应力随着温度而升高，近似按指数函数关系不断增加。温度从 25 ℃增加到 400 ℃时，泥岩的峰值应力由 65.21 MPa 提高到 254.05 MPa，增幅达 289.59%，可见温度作用对泥岩强度的提高有着显著的作用。当环境温度超过 400 ℃后，泥岩的峰值应力随着温度的增加，近似按负指数关系不断降低。特别是在温度由 400 ℃增加到 600 ℃时，泥岩强度的变化非常剧烈，由 254.05 MPa 迅速下降到 40.76 MPa，降低了 83.96%，可以说在温度由 400 ℃增加到 600 ℃的过程中，泥岩存在着“质”的变化。当温度升高到 600 ℃后，继续升高环境温度，泥岩峰值应力仍在不断降低，但下降较为平缓。

温度对岩石强度的影响是多方面的，如热蒸发作用、热膨胀作用、烧结作用、热开裂作用、热激活作用、热分解作用及热化学作用等。在不同温度阶段，各种因素对岩石力学性质的影响程度不同，可以说，温度对岩石强度的影响是各种因素共同作用的宏观体现。

① 热蒸发作用　一般情况下，在岩石微裂隙中、微空隙以及矿物颗粒表面上都存在着一定的自然水和气体，对于岩石颗粒而言，这些水和气体对岩石颗粒间的相对滑动起到了润滑作用，降低了岩石颗粒间的摩擦系数，从而降低了岩石的强度。温度在 100 ℃后，岩石中存在的自然水和气体蒸发出来，降低或消除了对岩石颗粒相对滑动的润滑作用，进而在一定程度上提高了岩石的强度。

② 热膨胀作用　从泥岩标准岩样常温时的单轴压缩试验中可以看到泥岩的应力-应变曲线存在明显的压密阶段，可以说，泥岩试样矿物颗粒之间结合得不是很紧密，存在着较多的微空隙及分布着大量的微裂纹。温度升高产生的热膨胀变形可以使原生裂纹开度减小甚至闭合，空隙收缩，泥岩的密实程度提高，增加了泥岩矿物颗粒间的接触面积，改善了矿物颗粒间的接触状态。另外，泥岩矿物的热膨胀作用，使得在裂隙两个界面间产生法向挤压正应力，强化了矿物颗粒间的摩擦特性。

③ 烧结作用　泥岩是一种典型的黏土类岩石，含黏土物质和胶结物较多。烧结作用是通过加热，使相互吸引的分子或原子获得足够的迁移能量，使得岩石颗粒相互键接，晶粒长大，空隙和晶界逐渐减少。通过物质的传递，形成具有某种显微结构的致密多晶烧结体。通过烧结作用，泥岩黏土物质与胶结物粒子结合得更加紧密，强度显著提高。

根据泥岩常温至 400 ℃之间强度的变化特征，可以推断：在常温至 200 ℃之间，热蒸发作用与热膨胀作用起到主要作用，泥岩强度得到了一定程度的提高；在 400 ℃左右，泥岩出现烧结作用，峰值应力显著提高。

④ 热破裂作用　岩石由多种矿物颗粒组成，在温度作用下，由于各种岩石矿物的热膨胀系数不同，产生热应力，引起岩石内部裂纹扩展、颗粒边界出现裂纹与沿晶破裂。岩石颗粒之间、微裂纹之间及晶界之间胶结物质的分离会诱发不协调的变形中心，这个变形中心有利于应力集中与断裂传播。另外，由于组成岩石矿物的各向异性，矿物的热膨胀性也存在着各向异性，热应力的作用下还会产生穿晶破裂。泥岩的热破裂现象劣化了泥岩的力学性质。

⑤ 热激活作用　形成后的岩石晶体，由于质点的热运动或者应力作用，会产生晶体缺陷（如位错，即局部晶格沿一定的原子面发生晶格的滑移。滑移不贯穿整个晶格，晶体缺陷到晶格内部即终止，在已滑移部分和未滑移部分晶格的分界处造成质点的错乱排列），而位错等缺陷的存在，会使材料易于断裂。D.T.Griggs 等[30]在石英晶体的实验研究中指出，试件中 OH^- 离子团受热激活作用，以羟基键取代硅氧键，从而有效地促进裂纹尖端的位错增殖、攀移与 Peierls 力的降低，对试样起到弱化作用，这种弱化的起始温度

约在 400 ℃。在本书中,泥岩在大于 400 ℃后强度迅速下降。可以推测:在温度 400 ℃后,泥岩强度受热激活作用显著。

⑥ 热分解作用　泥岩中含有的碳(C)、硫(S)以及有机质等,在一定的温度作用下发生热氧化分解,在泥岩内部产生空隙,降低了岩石的密实度。参考文献[157]中指出:随着烧失量的增大,泥岩的强度与刚度总体上呈减小趋势。

⑦ 热化学作用　岩石的强度特征很大程度上取决于岩石的矿物组成,在高温环境下,岩石矿物发生化学反应而发生矿物成分的转变。在 600 ℃左右,高岭石矿物脱去羟基结构水,生成偏高岭石,其反应如式(2-2)所示。此时,高岭石晶体的 Al-O(OH)八面体片受到破坏。

$$Al_2O_3 \cdot 2SiO_2 \cdot 2H_2O(\text{高岭石}) \longrightarrow Al_2O_3 \cdot 2SiO_2(\text{偏高岭石}) + 2H_2O \tag{2-2}$$

2.3.2　高温作用下泥岩的峰值应变

对应于泥岩损伤阈值应力的定义,损伤阈值应变定义为:在岩石的全应力-应变曲线上,当应力状态达到损伤阈值应力点处,此刻所对应的应变值,记为 ε_D。表 2-4 给出了高温作用下泥岩损伤阈值应变 ε_D 与峰值应变 ε_c 随温度的变化规律,图 2-16 及图 2-17 分别给出了高温作用下泥岩损伤阈值应变 ε_D 与峰值应变 ε_c 随温度的变化曲线。

表 2-4　高温作用下损伤阈值应变 ε_D 与峰值应变 ε_c 变化规律

温度 T/℃	试样编号	损伤阈值应变 $\varepsilon_D/10^{-2}$		峰值应变 $\varepsilon_c/10^{-2}$	
		单块岩样	算术平均值	单块岩样	算术平均值
25	1	0.384 0	0.272 4	0.760 6	0.647 6
	2	0.219 2		0.591 1	
	3	0.214 0		0.591 1	
100	4	0.223 5	0.269 0	0.582 1	0.637 0
	5	0.331 5		0.767 5	
	6	0.252 0		0.561 5	
200	7	0.312 0	0.364 0	0.656 7	0.810 2
	8	0.392 0		0.887 0	
	9	0.388 1		0.886 9	
400	10	0.459 7	0.423 0	1.091 0	1.082 6
	11	0.390 7		1.067 2	
	12	0.418 7		1.089 7	
600	13	0.352 2	0.245 6	0.836 0	0.761 5
	14	0.139 0		0.686 9	
	15	0.861 0(异常)		1.936 0(异常)	

表 2-4(续)

温度 T/℃	试样编号	损伤阈值应变 $\varepsilon_D/10^{-2}$		峰值应变 $\varepsilon_c/10^{-2}$	
		单块岩样	算术平均值	单块岩样	算术平均值
700	16	0.345 2	0.329 1	1.663 0	1.265 2
	17	0.318 4		1.084 7	
	18	0.323 7		1.048 0	
800	19	0.150 7	0.161 9	0.453 8	0.831 9
	20	0.153 0		1.190 0	
	21	0.181 9		0.851 9	

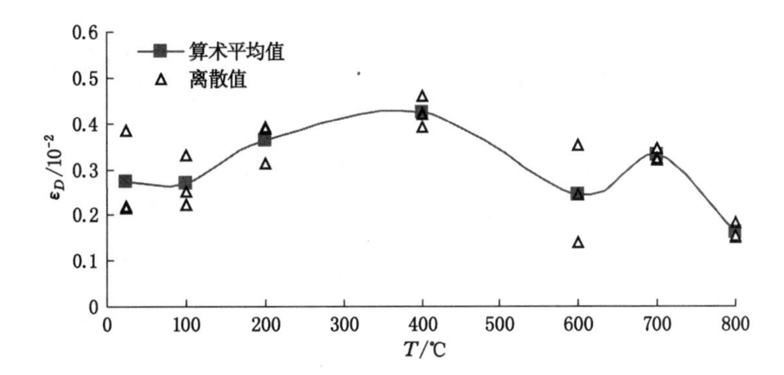

图 2-16 损伤阈值应变 ε_D 随温度 T 的变化曲线

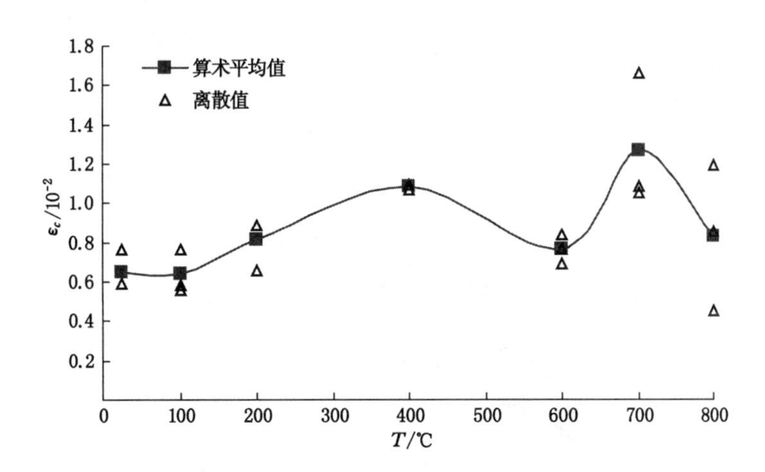

图 2-17 峰值应变 ε_c 随温度 T 的变化曲线

由图 2-16、图 2-17 以及表 2-4 可以看出：

① 整体上看，温度对泥岩损伤阈值应变的影响大致可分为两个阶段：第一，温度在 25～400 ℃区间，泥岩损伤阈值应变随着温度升高而增加（忽略温度达到 100 ℃时，阈值

的减小变化，其相对于 25 ℃时，阈值只减小了约 1.0%)，由 $0.272\ 4\times10^{-2}$ 增加到 $0.423\ 0\times10^{-2}$，增幅为 55.29%，其中，在温度由 100 ℃升高到 200 ℃的过程中，损伤阈值应变增长较快。第二，温度在 400～800 ℃区间，泥岩损伤阈值应变虽有波动，但随着温度升高整体呈减小趋势。特别在温度由 400 ℃升高到 600 ℃时，下降最为迅速，由 $0.423\ 0\times10^{-2}$ 降低到 $0.245\ 6\times10^{-2}$，降幅为 41.94%。

② 温度在 25～400 ℃区间，泥岩峰值应变随着温度升高而增加(忽略温度达到 100 ℃时，峰值应变的减小变化，其相对于 25 ℃时，峰值应变只减小了约 1.6%)，由 $0.647\ 6\times10^{-2}$ 增加到 $1.082\ 6\times10^{-2}$，增幅为 67.17%，而当温度增加到 600 ℃时，泥岩的峰值应变又迅速下降到 $0.761\ 5\times10^{-2}$，当温度继续升高到 700 ℃时，泥岩的峰值应变又快速升高到 $1.265\ 2\times10^{-2}$。

2.4 高温作用下泥岩的热膨胀效应

岩石的热膨胀性对岩石的刚度及强度都有着很大的影响，在岩土工程中，岩石的热变形与热应力又直接影响着岩体工程的稳定性。因此，研究岩石的热膨胀性是十分必要的。岩石的热膨胀系数是指岩石试样温度升高 1 ℃时，岩样在高度方向上引起的应变量。由 $\Delta L=\alpha L\Delta T$，得：

$$\alpha=\frac{\Delta L}{L\Delta T}=\frac{\varepsilon_T}{(T-T_0)} \tag{2-3}$$

式中，α 为热膨胀系数，ε_T 为热应变，T、T_0 分别为岩样当前温度与初始温度值，L 为长度，ΔL 为长度变量。在本书中，取 $\alpha=\frac{\varepsilon_T}{(T-25)}$。图 2-18 及图 2-19 给出了泥岩在不同温度环境下，热应变随时间的变化规律；表 2-5 给出了泥岩热应变 ε_T 与热膨胀系数 α 随温度的变化规律；图 2-20 及图 2-21 分别为泥岩热应变 ε_T 与热膨胀系数 α 随温度 T 的变化曲线。

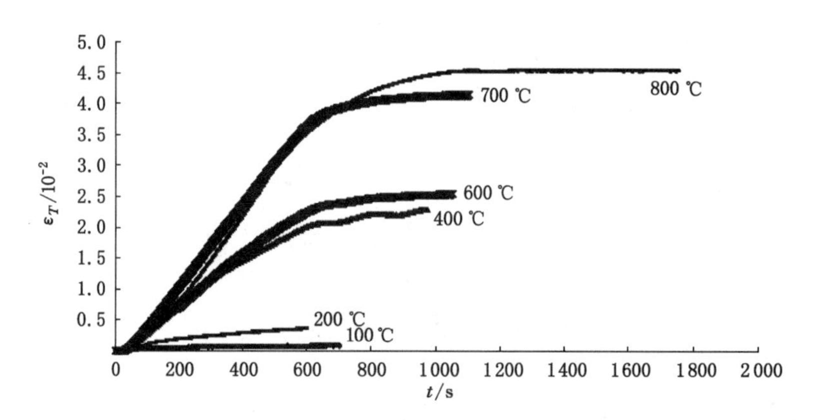

图 2-18　高温作用下泥岩热应变 ε_T 随时间 t 的变化规律

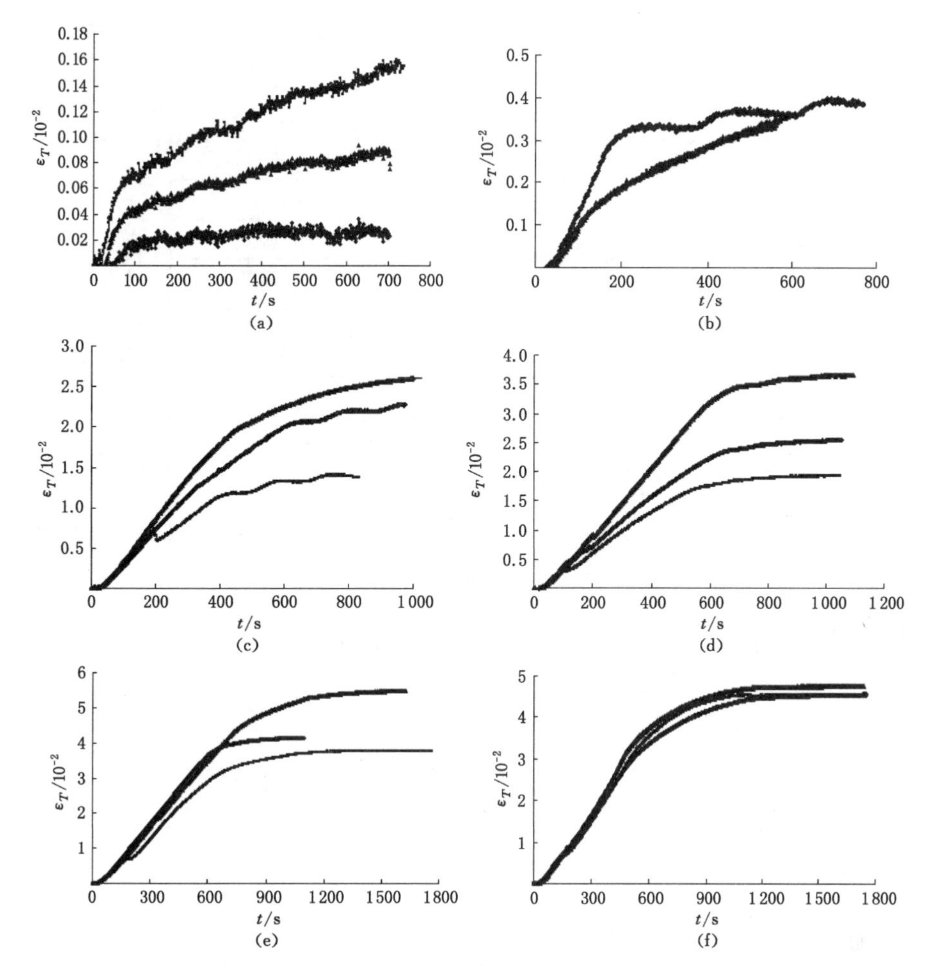

图 2-19　不同温度作用下泥岩的热应变-时间曲线

(a) 100 ℃;(b) 200 ℃;(c) 400 ℃;(d) 600 ℃;(e) 700 ℃;(f) 800 ℃

表 2-5　泥岩热应变 ε_T 与热膨胀系数 α 随温度的变化规律

温度 T/℃	热应变 $\varepsilon_T/10^{-2}$		热膨胀系数 $\alpha\times10^5$/℃$^{-1}$	
	单块岩样	算术平均值	单块岩样	算术平均值
100	0.029 4	0.091 6	0.392 1	1.222 0
	0.155 4		2.072 7	
	0.090 1		1.201 3	
200	0.329 8	0.356 2	2.240 4	2.035 2
	0.359 7		2.415 8	
	0.276 5		1.579 9	
	0.422 8		1.884 8	
	0.392 1		2.055 3	

表 2-5(续)

温度 T/℃	热应变 $\varepsilon_T/10^{-2}$		热膨胀系数 $\alpha\times10^5$/℃$^{-1}$	
	单块岩样	算术平均值	单块岩样	算术平均值
400	1.965 1	1.878 6	6.080 0	5.009 4
	1.846 5		3.729 6	
	2.280 1		3.120 0	
	1.398 6		6.962 7	
	1.170 0		5.240 3	
	2.611 0		4.923 9	
600	1.929 5	2.447 0	6.338 1	4.255 7
	1.780 7		3.704 3	
	2.130 0		3.097 1	
	3.644 4		3.355 6	
	1.925 6		3.854 7	
	3.414 3		4.409 1	
	2.535 2		5.937 8	
	2.216 5		3.348 8	
700	3.772 6	4.464 0	4.773 5	5.499 7
	5.477 2		5.589 0	
	4.142 1		6.136 5	
800	3.827 8	4.335 0	4.939 1	5.593 6
	3.483 5		4.494 8	
	4.561 7		5.886 1	
	4.535 5		5.852 3	
	4.759 8		6.141 7	
	5.245 1		6.767 9	
	3.931 8		5.073 2	

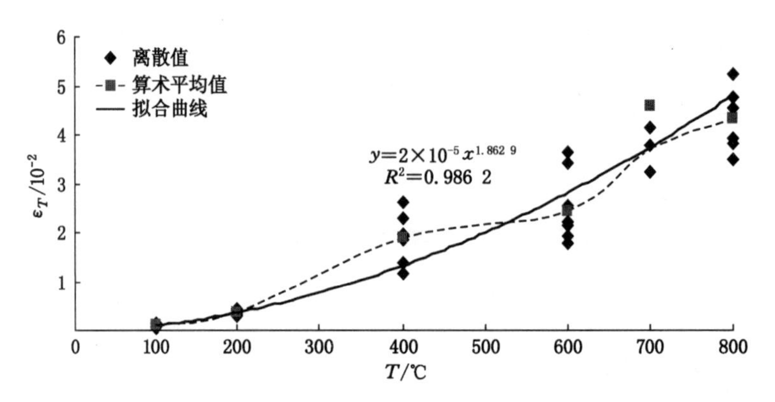

图 2-20　泥岩热应变 ε_T 随温度 T 的变化曲线

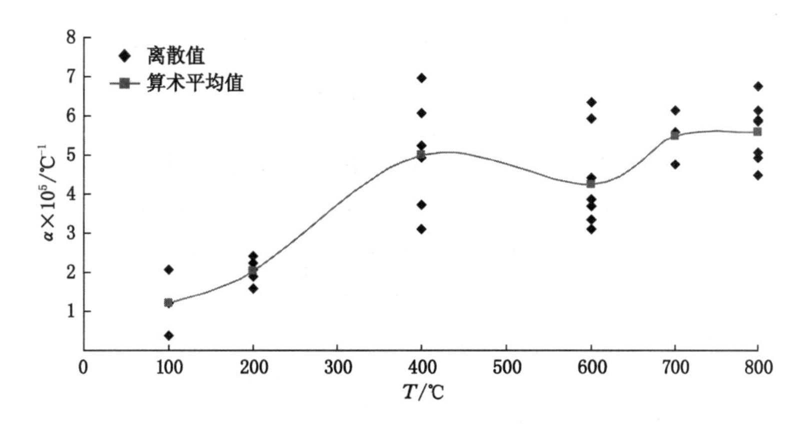

图 2-21 泥岩热膨胀系数 α 随温度 T 的变化曲线

由图 2-18～图 2-21 可以看出：

① 泥岩受热膨胀过程，在开始阶段热应变随加热时间迅速增加，而后随着时间的推移热应变增长不断减缓。

② 当温度环境增加到 400 ℃后，较 100 ℃及 200 ℃两种情况，泥岩的热应变有了明显的提高。

③ 泥岩的热应变随着环境温度的提高呈增加趋势，其变化过程大致可以分为 3 个阶段：温度在 100～400 ℃区间，热应变随温度的增加近似呈指数规律快速增加，热应变由 $0.091\ 6\times10^{-2}$ 增加到 $1.878\ 6\times10^{-2}$，增加了约 19 倍；温度由 400 ℃增加到 600 ℃区间，泥岩热应变变化不明显；当温度大于 600 ℃后，热应变随温度的变化再次出现了快速增加过程。到 800 ℃环境温度时，泥岩热应变达到了 $4.335\ 0\times10^{-2}$。

④ 泥岩热膨胀系数随着温度变化较大，随着温度的升高大体上呈增加趋势。在 400 ℃出现了一个快速增大的极值点，过了 600 ℃后，又开始不断地增加。

2.5 高温作用下泥岩的脆延转化

延性是一种物理特性，反映了材料从屈服开始到达最大承载能力期间的变形能力。当材料破坏前没有明显变形或其他预兆时，称为脆性破坏；当材料破坏前有明显变形或其他预兆时，称为延性破坏。温度是影响岩石材料脆性断裂十分重要的一个因素，当温度低于脆延性转变温度时，岩石就会发生脆性断裂。我们可以定义岩石破坏时应变 ε_c 与屈服时应变 ε_s 的比值为岩石的延性系数 $\dot{\nu}$，即：

$$\dot{\nu}=\frac{\varepsilon_c}{\varepsilon_s} \tag{2-4}$$

本书认为，当轴向应力达到 80％的峰值应力时，岩样开始屈服。当屈服应力取 80％

的峰值应力时，对于完全弹脆性材料，容易得到此刻延性系数 $\dot{\nu}=1.25$。不同温度下泥岩的屈服应变 ε_s 与延性系数 $\dot{\nu}$ 随温度的变化规律如表 2-6 所示。

表 2-6　泥岩屈服应变 ε_s 与延性系数 $\dot{\nu}$ 随温度的变化规律

温度 T/℃	屈服应变 $\varepsilon_s/10^{-2}$		延性系数 $\dot{\nu}$	
	单块岩样	算术平均值	单块岩样	算术平均值
25	0.606 2	0.548 2	1.019 6	1.183 0
	0.453 6		1.224 8	
	0.584 8		1.304 7	
100	0.471 9	0.500 7	1.233 5	1.266 9
	0.561 2		1.367 6	
	0.468 9		1.199 7	
200	0.553 5	0.646 0	1.186 4	1.212 8
	0.719 8		1.232 3	
	0.664 6		1.219 6	
400	0.878 6	0.864 9	1.241 7	1.267 8
	0.843 5		1.265 2	
	0.872 5		1.296 4	
600	0.677 7	0.673 5	1.248 3	1.227 0
	0.539 1		1.274 1	
	0.803 7		1.158 7	
700	0.967 6	0.847 1	1.718 6	1.477 2
	0.819 5		1.323 6	
	0.754 2		1.389 5	
800	0.338 4	0.389 3	3.763 0	3.289 9
	0.396 6		3.006 0	
	0.432 8		3.100 7	

图 2-22 及图 2-23 分别给出了泥岩屈服应变 ε_s 与延性系数 $\dot{\nu}$ 随温度 T 的变化曲线。由图 2-22、图 2-23 及表 2-6 可以看出：

① 温度不断由常温升高到 800 ℃过程中，泥岩的屈服应变整体上呈现先增加后减小的趋势。其中，在 400～700 ℃泥岩的屈服应变较大，到 800 ℃时，屈服应变迅速减小到 $0.389\,3\times10^{-2}$，并低于常温状态下泥岩的屈服应变约 28.99%。

② 温度从常温升高到 600 ℃，泥岩的延性系数基本在 1.25 左右，也就是说在常温至 600 ℃区间，泥岩主要体现出脆性特征，当温度增加到 700 ℃时，延性系数增加到 1.477 2，泥岩破坏体现了一定的延性特征，而当温度增加到 800 ℃时，延性系数迅速增加到 3.289 9，体

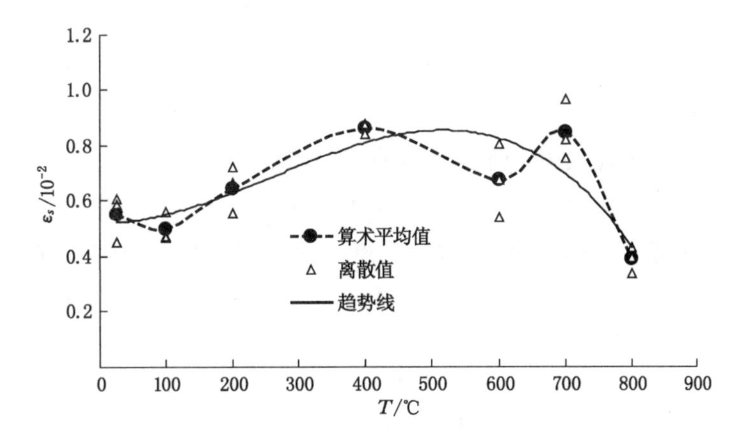

图 2-22 屈服应变 ε_s 随温度 T 的变化曲线

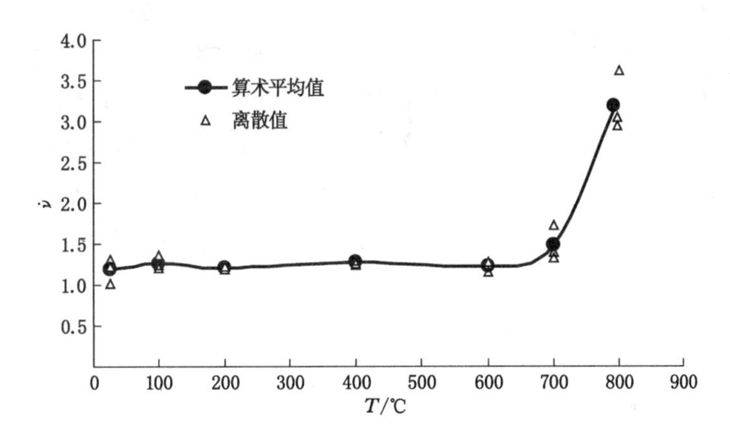

图 2-23 延性系数 $\dot{\nu}$ 随温度 T 的变化曲线

现了显著的延性破坏特征。

③ 根据不同温度下泥岩延性系数的变化特征，可以认为泥岩的脆延性转变温度在 700～800 ℃。

2.6 本章小结

本章利用 MTS810 电液伺服材料试验系统以及与之配套的 MTS652.02 高温环境炉来对常温(25 ℃)至 800 ℃高温作用下泥岩的物理力学特性进行试验研究，分析了泥岩试样应力-应变曲线、变形特征、强度特征、热膨胀性质随温度的变化特征。得到了如下主要结论：

① 不同温度下，泥岩试样的应力-应变曲线整体上可划分为压密阶段、近似线弹性阶

段、微裂纹演化阶段、裂纹非稳定扩张阶段、应变软化阶段和残余强度阶段 6 个阶段。随着温度的升高，泥岩试样应力-应变曲线类型经历了延-弹性曲线、弹-延性曲线、弹-延-蠕变性曲线的发展过程。

② 随着温度的增加，泥岩的平均弹性模量及峰值应力经历了先增加后降低的变化过程，在 400 ℃温度环境下，平均弹性模量及峰值应力到达最大值。在温度由 25 ℃增加到 400 ℃的过程中，弹性模量及峰值应力分别由 11.02 GPa、65.21 MPa 升高到 24.67 GPa、254.05 MPa，而温度继续升高后，泥岩弹性模量及峰值应力开始迅速降低，到 800 ℃时分别降低到 6.63 GPa、30.80 MPa。

③ 泥岩的峰值应变随着温度的升高整体上呈增长趋势，其中在 600 ℃左右存在一个下降段。峰值应变由常温下的 $0.647\,6\times10^{-2}$，增加到 400 ℃时的 $1.082\,6\times10^{-2}$、800 ℃时的 $0.831\,9\times10^{-2}$。

④ 泥岩的热应变随着环境温度的升高呈增加趋势，其变化过程大致可以分为快速增长段、平缓段、快速增长段 3 个阶段。泥岩热膨胀系数随着温度的升高大体上呈增加趋势，在 400 ℃出现了一个快速增大的极值点，过了 600 ℃后，又开始不断地增加。

⑤ 随着温度的升高，泥岩由脆性向延性转化，当温度大于 700 ℃时，延性系数迅速提高，可以认为泥岩的脆延性转变温度在 700～800 ℃。

3　加载速率对高温作用下泥岩力学性能的影响

加载速率是一个变化幅度很大的参数，在一般岩体工程中，如采矿爆破卸载速率为几分之一毫米每秒量级，但对于地下采矿的巷道和矿柱，其变形增量每年仅为0.10～0.15 mm。在差异如此之大的加载方式下，岩石材料的力学性能不仅在量上，在质上也发生变化，因而有关岩石材料在不同加载速率作用下的力学性能分析一直被视为岩石力学基本研究课题之一。地热资源开发、大都市圈的大深度地下空间开发以及矿山、土建等所涉及的岩土工程问题往往与温度、载荷、应力波有关，理论和试验证明，岩石在承受动、静载荷时，其本构关系和力学特性有很大差异，在常温和高温状态下岩石的力学性能也具有很大差异。目前在岩石力学领域中，对岩石在常温静载作用下破坏的研究较多，而对高温状态不同加载速率下岩石破坏研究较少，而这正是研究岩体爆破机理、破坏判据以及岩体工程参数优化等的理论基础。因此，本书借助美国MTS810电液伺服材料试验系统和其配套的MTS652.02高温环境炉，对65块标准试件泥岩在常温至800 ℃高温状态下进行了单轴压缩试验，其中载荷按位移控制方式施加，位移加载速率从3×10^{-3} mm/s至3 mm/s分为4级，通过对试验中测得的应力-应变全过程曲线的分析，探讨了泥岩在高温状态不同加载速率下力学性能的变化规律。

3.1　试验方法与方案

试验采用美国MTS810电液伺服材料试验系统和其配套的MTS652.02高温环境炉进行，如图2-4所示，整个试验过程由试验系统配套的TeststarⅡ系统按照事先要求设定的程序完成。本试验所用岩样采自徐州张双楼矿井下岩层。温度设定为25 ℃、200 ℃、400 ℃、600 ℃、800 ℃ 5个温度，每个温度条件下分0.003 mm/s、0.03 mm/s、

0.3 mm/s、3 mm/s 4 级加载，每级加载试样为 3～5 块。试验时，首先将岩样正确放置到 MTS652.02 高温环境炉内，然后以 2 ℃/s 的升温速率将岩样温度升至预定温度，并将岩样恒温20 min，以确保岩样受热均匀。本次单轴压缩试验采用位移控制方式，加载过程中利用 TeststarⅡ控制程序按预定的要求完成试验过程，同时记录下相关物理量的值：轴向载荷、轴向位移、轴向应力及应变等。

3.2 不同加载速率下泥岩的变形特征

温度和加载速率对岩石力学性质的影响与岩石的矿物性质和内部结构等有关，温度作用将影响岩石内部晶格结构，从而使其力学性质发生变化。本章将基于高温状态不同加载速率下泥岩力学性能的试验结果，研究岩石材料的力学性质随加载速率的变化规律。

根据泥岩单轴压缩试验的轴向载荷-位移曲线，进一步分析得出高温状态不同加载速率下泥岩单轴压缩试验的应力-应变全过程曲线，同时获得每块试样的峰值应力 σ_c、损伤阈值应力 σ_D、损伤阈值应变 ε_D 与峰值应变 ε_c，利用应力-应变曲线计算得出泥岩平均弹性模型 E_{av} 与割线弹性模量 E_{50}。

3.2.1 不同加载速率下泥岩的应力-应变曲线

根据岩样单轴压缩试验得到的轴向载荷、轴向位移数据，进一步分析处理得到泥岩相同温度不同加载速率下的应力-应变全过程曲线示意图，如图 3-1～图 3-5 所示。

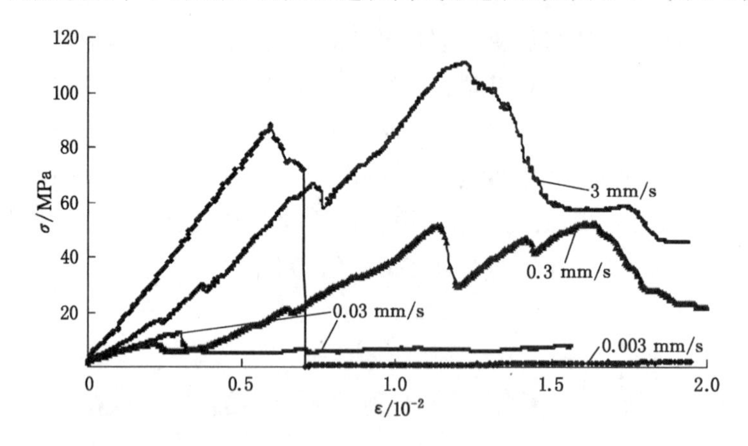

图 3-1 常温时不同加载速率下泥岩的应力-应变曲线示意图

对泥岩单轴压缩试验结果进行分析处理，得到常温时不同加载速率下泥岩的应力-应变曲线，如图 3-1 所示，从图中可看出，常温时不同加载速率下泥岩的应力-应变曲线大体经历了如下四个阶段：微裂隙压密阶段、弹性变形阶段、裂隙扩展阶段和破裂后

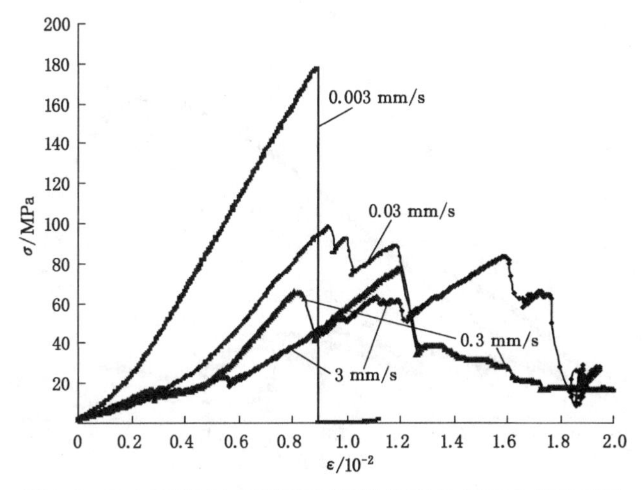

图 3-2 200 ℃不同加载速率下泥岩的应力-应变曲线示意图

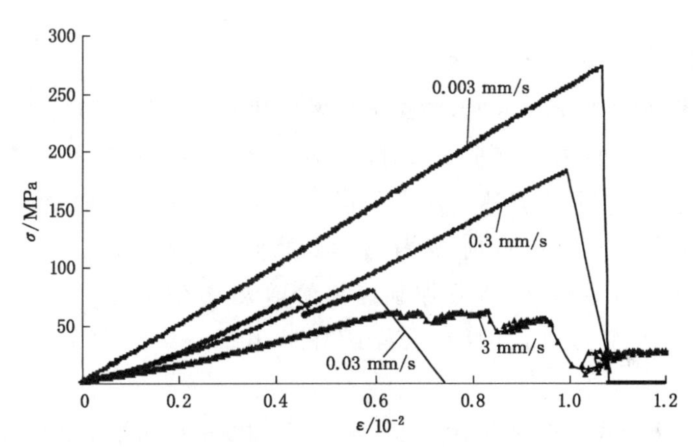

图 3-3 400 ℃不同加载速率下泥岩的应力-应变曲线示意图

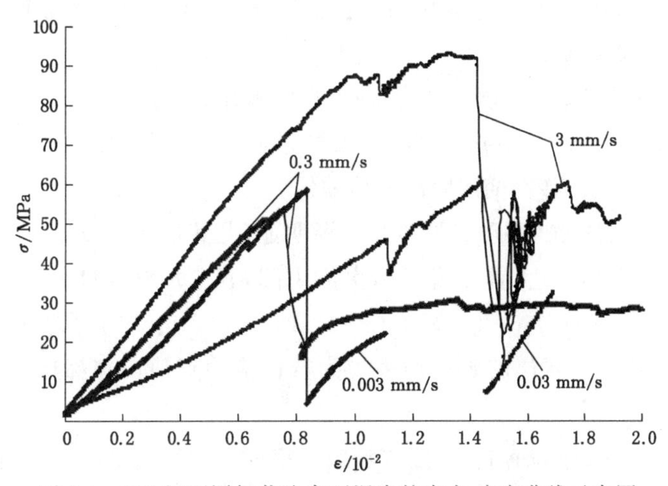

图 3-4 600 ℃不同加载速率下泥岩的应力-应变曲线示意图

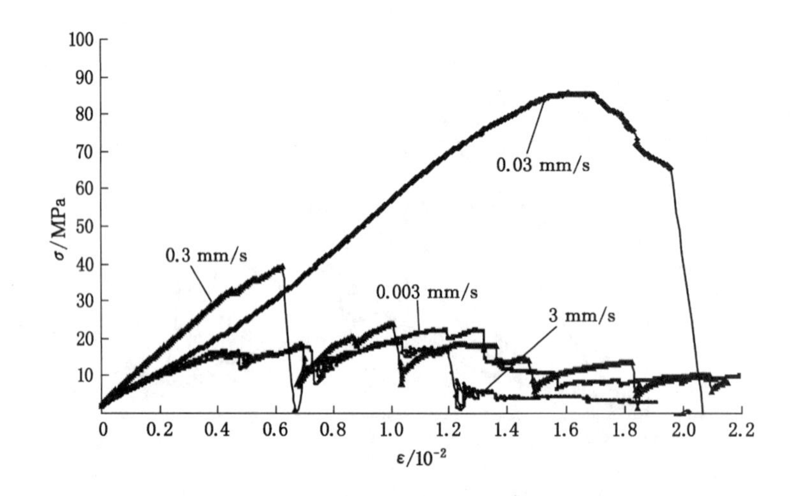

图 3-5 800 ℃不同加载速率下泥岩的应力-应变曲线示意图

阶段。

① 加载速率为 0.003 mm/s 时，微裂隙压密阶段和裂隙扩展阶段不是很明显，达到峰值应力前几乎只经历了弹性变形阶段，随着加载速率的增加，开始出现明显的微裂隙压密阶段和裂隙扩展阶段，尤其达到 0.3 mm/s 后，弹性变形阶段明显缩短。

② 加载速率为 0.003 mm/s 时，岩样在达到峰值应力后承载能力迅速下降到零，无残余强度，为典型的脆性破坏，随着加载速率的增大，达到峰值应力后应变仍有所增加，经历了一段塑性变形阶段，且在岩样破坏后出现一定的残余强度，并有增大的趋势。

③ 随加载速率增大岩样的应变软化明显，峰后曲线的振荡幅度随加载速率的增加明显增大。

对 200 ℃温度条件下泥岩单轴压缩试验结果进行分析处理，得到不同加载速率下应力-应变曲线，如图 3-2 所示。

200 ℃不同加载速率下泥岩的应力-应变曲线具有如下特征：

① 加载速率增加到 0.03 mm/s 以后，泥岩应力-应变曲线形态开始发生较大变化，微裂隙压密阶段逐渐变长，弹性变形阶段开始缩短。

② 随加载速率的增加，裂隙扩展阶段逐渐明显，尤其在 0.3 mm/s，3 mm/s 两个加载速率下，岩样在达到峰值应力前出现了多次应力降，表明加载速率对微裂隙的形成和扩展有促进作用。

③ 四种加载速率下岩样的破坏均表现为峰值应力点后的突然破裂，为典型的脆性破坏。

④ 从曲线图中可看出轴向应变随着加载速率的增加呈现出增大的趋势。

⑤ 加载速率为 0.003 mm/s 时，岩样在达到峰值应力后承载能力迅速下降到零，无

残余强度，但随着加载速率的增大，峰后应力-应变曲线呈现明显的多段弯折，岩样的应变软化明显，岩样破坏后出现一定的残余强度，并有增大的趋势。

由图 3-3 可以看出，400 ℃的泥岩在不同加载速率下的单轴压缩应力-应变曲线具有如下特征：

① 随加载速率的增加，泥岩应力-应变曲线形态开始发生较大变化，微裂隙压密阶段迅速变长，且在弹性变形阶段后出现明显的裂隙扩展阶段，尤其在 0.03 mm/s 和 3 mm/s 的加载速率下，峰值应力前出现多次应力降。

② 与常温和 200 ℃温度条件下规律相同，加载速率为 0.003 mm/s 时岩样在达到峰值应力后承载能力迅速下降到零，无残余强度，岩样显现出明显的脆性破坏特征，随后随着加载速率的增大，破坏后出现一定的残余强度，且在 0.03 mm/s 和 3 mm/s 的加载速率下岩样达到峰值应力后应变仍会有所增加，说明随加载速率增大岩样的应变软化明显。应力-应变曲线出现明显的多段弯折，说明加载速率的增大对达到峰值应力后试样形成新的微裂纹有促进作用。

对 600 ℃温度条件下泥岩单轴压缩试验结果进行分析处理，得到不同加载速率下应力-应变曲线，如图 3-4 所示。从图中可看出，不同加载速率下，岩样在达到峰值应力后均出现残余应力，且随着加载速率的增大，残余强度逐渐增大；600 ℃温度条件下，应力-应变曲线形态并没有发生较大变化，加载速率对应力-应变曲线的影响程度明显低于低温条件下的影响，加载速率效应明显降低。

对 800 ℃温度条件下泥岩单轴压缩试验结果进行分析处理，得到不同加载速率下应力-应变曲线，如图 3-5 所示。从图中可以看出，加载速率为 0.003 mm/s 时，岩样在达到峰值应力后出现残余应力，当加载速率增加到 0.03 mm/s 时，应力-应变曲线形态发生较大变化，残余应力消失，岩样的脆性增强，此后继续增加加载速率，泥岩岩样在峰值应力后又出现残余应力，泥岩试样的延性得到提高。

由图 3-1～图 3-5 可以看到，不同加载速率下泥岩的应力-应变曲线大体经历了如下四个阶段：微裂隙压密阶段、弹性变形阶段、裂隙扩展阶段和破裂后阶段。在常温至 400 ℃温度条件下，泥岩应力-应变曲线形态均在加载速率增加到 0.03 mm/s 后发生较大变化，且变化规律具有很好的一致性。当温度超过 400 ℃后，泥岩试样的应力-应变曲线形态随加载速率的变化规律明显发生变化。

3.2.2 不同加载速率下泥岩的变形模量

岩石的弹性模量是衡量岩石材料抗变形能力大小的量度，其定义有很多种，在本书中重点讨论泥岩平均弹性模量 E_{av} 与割线弹性模量 E_{50} 随加载速率变化的性质。由泥岩各岩样的应力-应变曲线可得到对应不同温度时泥岩弹性模量随加载速率的变化规律，如表 3-1～表 3-5 所示，图 3-6～图 3-11 分别给出了泥岩平均弹性模量及割线弹性模量随加载速率的变化曲线。

表 3-1 常温时泥岩平均弹性模量 E_{av} 与割线弹性模量 E_{50} 随加载速率的变化规律

加载速率/(mm·s⁻¹)	序号	平均弹性模量 E_{av}/GPa		割线弹性模量 E_{50}/GPa	
		测试值	均值	测试值	均值
3×10^{-3}	1	7.11	11.02	4.49	10.13
	2	14.68		14.60	
	3	11.26		11.31	
3×10^{-2}	4	4.03	3.43	4.73	4.31
	5	2.75		3.68	
	6	3.50		4.52	
3×10^{-1}	7	5.30	5.30	3.43	3.46
	8	4.70		3.37	
	9	5.91		3.58	
3	10	10.31	10.31	8.99	8.72
	11	11.31		9.12	
	12	9.32		8.05	

表 3-2 200 ℃泥岩平均弹性模量 E_{av} 与割线弹性模量 E_{50} 随加载速率的变化规律

加载速率/(mm·s⁻¹)	序号	平均弹性模量 E_{av}/GPa		割线弹性模量 E_{50}/GPa	
		测试值	均值	测试值	均值
3×10^{-3}	1	21.43	21.50	15.39	14.62
	2	23.14		14.27	
	3	19.92		14.21	
3×10^{-2}	4	15.60	11.90	4.36	6.02
	5	8.25		7.55	
	6	11.84		6.14	
3×10^{-1}	7	13.61	10.35	6.10	5.31
	8	7.08		4.49	
	9	10.36		5.34	
3	10	6.43	8.67	4.90	5.62
	11	10.84		6.28	
	12	8.75		5.68	

表 3-3 400 ℃泥岩平均弹性模量 E_{av} 与割线弹性模量 E_{50} 随加载速率的变化规律

加载速率/(mm·s⁻¹)	序号	平均弹性模量 E_{av}/GPa		割线弹性模量 E_{50}/GPa	
		测试值	均值	测试值	均值
3×10^{-3}	1	23.01	24.67	19.36	22.52
	2	25.62		25.40	
	3	25.37		22.41	
3×10^{-2}	4	16.20	18.19	11.62	13.31
	5	20.16		14.80	
	6	18.21		13.51	
3×10^{-1}	7	17.15	17.49	11.70	13.68
	8	21.44		15.70	
	9	13.89		13.64	
3	10	10.71	9.15	8.59	9.12
	11	7.57		9.52	
	12	9.17		9.25	

表 3-4 600 ℃泥岩平均弹性模量 E_{av} 与割线弹性模量 E_{50} 随加载速率的变化规律

加载速率/(mm·s⁻¹)	序号	平均弹性模量 E_{av}/GPa		割线弹性模量 E_{50}/GPa	
		测试值	均值	测试值	均值
3×10^{-3}	1	8.65	6.63	6.44	8.53
	2	4.61		5.45	
	3	17.97(异常)		13.70	
3×10^{-2}	4	7.62	6.18	6.85	5.41
	5	4.69		3.85	
	6	6.23		5.53	
3×10^{-1}	7	10.87	9.26	15.30	11.21
	8	7.64		7.71	
	9	9.28		10.62	
3	10	9.76	8.73	10.00	8.78
	11	7.57		7.89	
	12	8.85		8.45	

表 3-5　800 ℃泥岩平均弹性模量 E_{av} 与割线弹性模量 E_{50} 随加载速率的变化规律

加载速率/(mm·s^{-1})	序号	平均弹性模量 E_{av}/GPa		割线弹性模量 E_{50}/GPa	
		测试值	均值	测试值	均值
3×10^{-3}	1	9.11	6.63	9.26	7.12
	2	3.95		4.78	
	3	6.83		7.32	
3×10^{-2}	4	6.58	9.98	11.10	9.09
	5	12.31		5.38	
	6	11.04		10.80	
3×10^{-1}	7	13.70	10.36	12.10	10.11
	8	6.82		8.04	
	9	10.56		10.19	
3	10	11.69	7.13	11.20	8.45
	11	2.51		5.21	
	12	7.20		8.94	

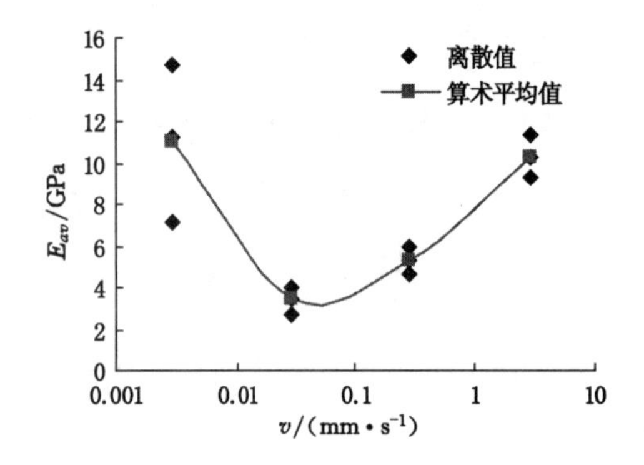

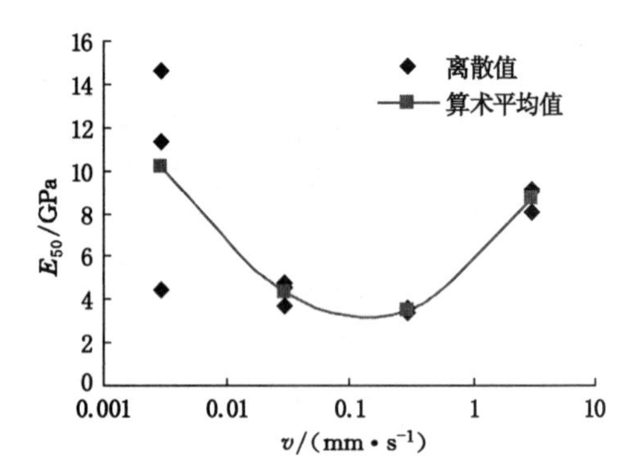

图 3-6　常温时泥岩平均弹性模量 E_{av} 与割线弹性模量 E_{50} 随加载速率的变化曲线

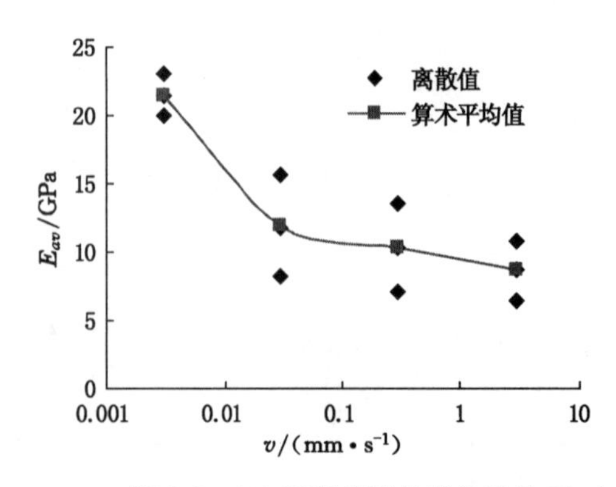

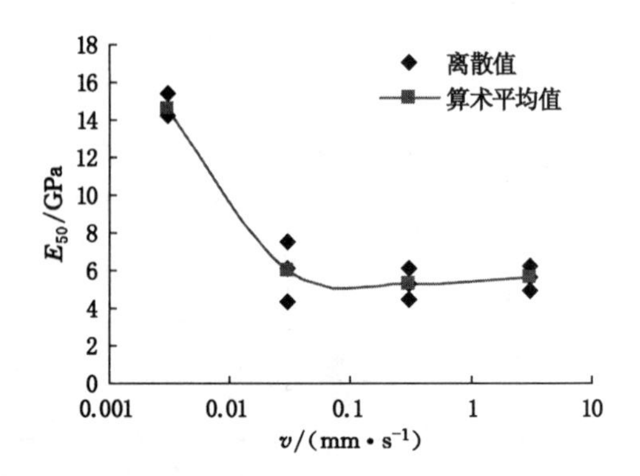

图 3-7　200 ℃泥岩平均弹性模量 E_{av} 与割线弹性模量 E_{50} 随加载速率的变化曲线

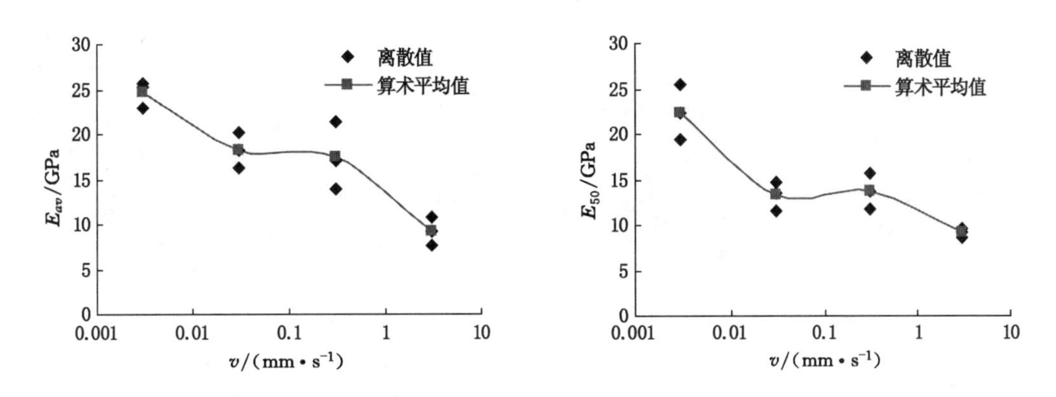

图 3-8 400 ℃泥岩平均弹性模量 E_{av} 与割线弹性模量 E_{50} 随加载速率的变化曲线

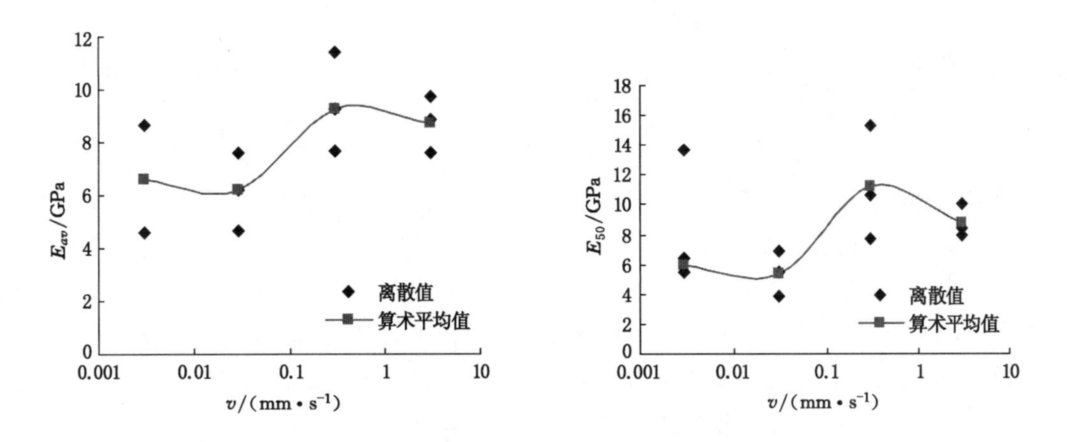

图 3-9 600 ℃泥岩平均弹性模量 E_{av} 与割线弹性模量 E_{50} 随加载速率的变化曲线

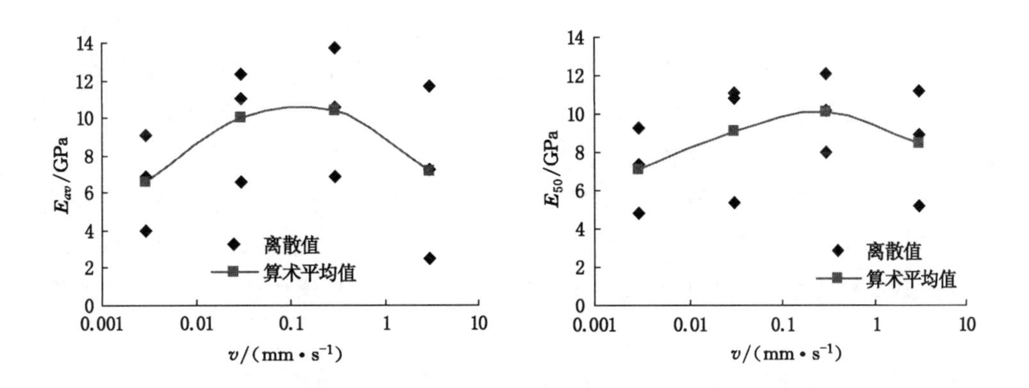

图 3-10 800 ℃泥岩平均弹性模量 E_{av} 与割线弹性模量 E_{50} 随加载速率的变化曲线

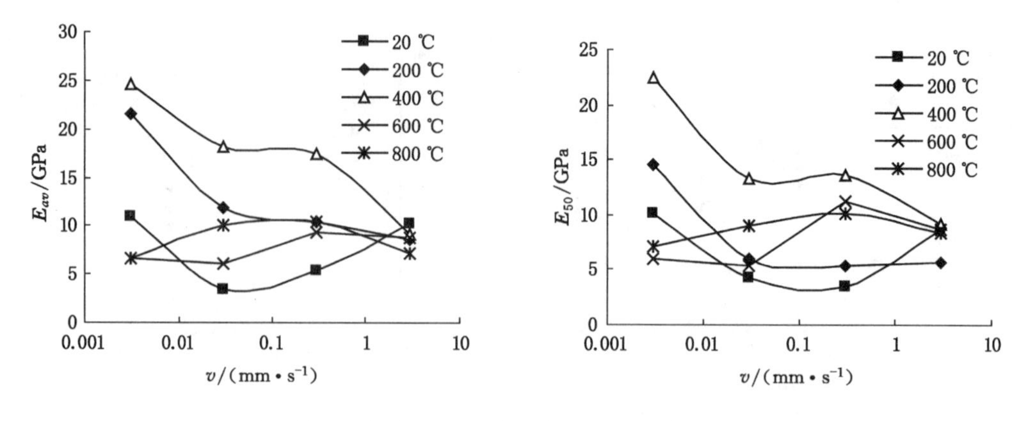

图 3-11　泥岩平均弹性模量 E_{av} 与割线弹性模量 E_{50} 随加载速率的变化曲线

由图 3-6 可以看出，常温下加载速率对泥岩弹性模量的影响很大，泥岩试样的弹性模量随加载速率的增加先减小后增大。

加载速率由 0.003 mm/s 增加到 0.03 mm/s 时，平均弹性模量急剧下降，由 11.02 GPa 下降至 3.43 GPa，降低了约 68.87%；加载速率由 0.03 mm/s 增加到 3 mm/s 时，平均弹性模量又呈逐渐上升趋势，由 3.43 GPa 上升到 10.31 GPa，上升了约 200.58%，说明此阶段加载速率的增加不但没有降低泥岩试样的刚度，反而使其得到很大的提高。

由图 3-7 可以看出，泥岩的平均弹性模量随加载速率的增大呈现出下降趋势，加载速率由 0.003 mm/s 增加到 3 mm/s 总共下降了约 59.67%。尤其在加载速率由 0.003 mm/s 增加到 0.03 mm/s 时，平均弹性模量下降幅度最大，由 21.5 GPa 下降到 11.9 GPa，降低了约 44.65%，说明此阶段加载速率的增加大大降低了泥岩试样抵抗变形的能力，但降低幅度明显比常温下要小；此后继续增大加载速率，泥岩的平均弹性模量下降速率明显减小，由加载速率为 0.03 mm/s 时的 11.9 GPa 下降到加载速率为 3 mm/s 时的 8.67 GPa，变化不是很明显，此阶段与常温下平均弹性模量的变化趋势差异很大。

由图 3-8 可看出，在 400 ℃温度条件下泥岩的平均弹性模量随加载速率的增大大致呈现出下降的趋势，与 200 ℃时平均弹性模量随加载速率的变化规律相同，加载速率由 0.003 mm/s 增加到 3 mm/s 时，平均弹性模量由 24.67 GPa 下降到 9.15 GPa，下降约 62.91%，比 200 ℃时的下降幅度略大。

在 600 ℃温度条件下泥岩的平均弹性模量随加载速率的增加大致呈缓慢上升的趋势，没有出现明显的加载速率效应，同峰值应力的变化规律相似。加载速率由 0.003 mm/s 增加到 3 mm/s 的过程中，泥岩试样的平均弹性模量由 6.63 GPa 增加到 8.73 GPa，上升幅度约 31.67%。

在 800 ℃温度条件下泥岩的平均弹性模量随加载速率的增大呈现出先上升后下降的趋势，加载速率由 0.003 mm/s 增加到 0.3 mm/s 的过程中，平均弹性模量由 6.63 GPa 上升到 10.36 GPa，上升了约 56.26%；加载速率由 0.3 mm/s 增加到 3 mm/s 时，平均弹性模量又由 10.36 GPa 降低到 7.13 GPa，下降了约 31.18%。

图 3-11 给出了常温至 800 ℃时泥岩平均弹性模量 E_{av} 与割线弹性模量 E_{50} 随加载速率的变化曲线，由图可以看出，常温至 400 ℃时，泥岩试样表现出了明显的加载速率效应，常温时，平均弹性模量随加载速率的增加呈先下降后上升的趋势，200～400 ℃温度条件下，平均弹性模量随加载速率的增加大体呈下降趋势；此后继续升高温度，泥岩试样的平均弹性模量随加载速率的变化幅度明显降低，说明此后的高温作用在某种程度上降低了泥岩试样的加载速率效应。

3.3 不同加载速率下泥岩的强度特性

3.3.1 不同加载速率下泥岩的峰值应力

由泥岩各岩样的全应力-应变曲线可得到对应不同温度时峰值应力 σ_c 与损伤阈值应力 σ_D 随加载速率变化规律如表 3-6～表 3-10 所示，图 3-12～图 3-17 分别给出了不同温度时泥岩峰值应力 σ_c 与损伤阈值应力 σ_D 的均值随加载速率的变化曲线。

表 3-6　常温时泥岩峰值应力 σ_c 与损伤阈值应力 σ_D 随加载速率的变化规律

加载速率/(mm·s^{-1})	序号	峰值应力 σ_c/MPa		损伤阈值应力 σ_D/MPa	
		测试值	均值	测试值	均值
3×10^{-3}	1	41.66	65.21	14.99	23.47
	2	87.94		31.66	
	3	66.02		23.77	
3×10^{-2}	4	11.97	16.14	4.31	5.81
	5	21.97		7.91	
	6	14.48		5.21	
3×10^{-1}	7	52.17	51.84	18.78	18.66
	8	49.16		17.70	
	9	54.18		19.50	
3	10	110.74	110.74	39.87	39.87
	11	115.78		41.68	
	12	105.69		38.05	

表 3-7 200 ℃泥岩峰值应力 σ_c 与损伤阈值应力 σ_D 随加载速率的变化规律

加载速率/(mm·s^{-1})	序号	峰值应力 σ_c/MPa		损伤阈值应力 σ_D/MPa	
		测试值	均值	测试值	均值
3×10^{-3}	1	120.72	149.82	43.46	53.94
	2	177.33		63.84	
	3	151.42		54.51	
3×10^{-2}	4	82.35	83.53	29.65	30.07
	5	88.34		31.80	
	6	79.90		28.77	
3×10^{-1}	7	77.13	77.65	27.77	27.96
	8	78.74		28.35	
	9	77.09		27.75	
3	10	83.08	83.07	29.91	29.91
	11	83.07		29.91	
	12	83.05		29.90	

表 3-8 400 ℃泥岩峰值应力 σ_c 与损伤阈值应力 σ_D 随加载速率的变化规律

加载速率/(mm·s^{-1})	序号	峰值应力 σ_c/MPa		损伤阈值应力 σ_D/MPa	
		测试值	均值	测试值	均值
3×10^{-3}	1	232.79	254.05	83.80	91.46
	2	272.21		98.00	
	3	257.15		92.57	
3×10^{-2}	4	76.81	78.16	27.65	28.14
	5	79.95		28.78	
	6	77.71		27.98	
3×10^{-1}	7	80.66	131.80	29.04	47.45
	8	182.79		65.80	
	9	131.94		47.50	
3	10	61.24	41.85	22.05	15.07
	11	21.79		7.84	
	12	42.53		15.31	

表 3-9 600 ℃泥岩峰值应力 σ_c 与损伤阈值应力 σ_D 随加载速率的变化规律

加载速率/(mm·s^{-1})	序号	峰值应力 σ_c/MPa		损伤阈值应力 σ_D/MPa	
		测试值	均值	测试值	均值
3×10^{-3}	1	58.53	40.76	21.07	14.68
	2	22.99		8.28	
	3	294.66(异常)		106.08(异常)	
3×10^{-2}	4	33.79	47.03	12.16	16.93
	5	60.41		21.75	
	6	46.90		16.88	
3×10^{-1}	7	39.66	46.41	14.28	16.71
	8	53.42		19.23	
	9	46.14		16.61	
3	10	92.23	60.61	33.20	21.82
	11	29.33		10.56	
	12	60.28		21.70	

表 3-10 800 ℃泥岩峰值应力 σ_c 与损伤阈值应力 σ_D 随加载速率的变化规律

加载速率/(mm·s^{-1})	序号	峰值应力 σ_c/MPa		损伤阈值应力 σ_D/MPa	
		测试值	均值	测试值	均值
3×10^{-3}	1	38.15	31.22	13.73	11.24
	2	22.28		8.02	
	3	33.23		11.96	
3×10^{-2}	4	157.01	169.33	56.52	60.96
	5	85.76		30.87	
	6	265.21		95.48	
3×10^{-1}	7	161.88	101.58	58.28	36.57
	8	39.27		14.14	
	9	103.58		37.29	
3	10	60.40	40.75	21.75	14.67
	11	18.71		6.74	
	12	43.14		15.53	

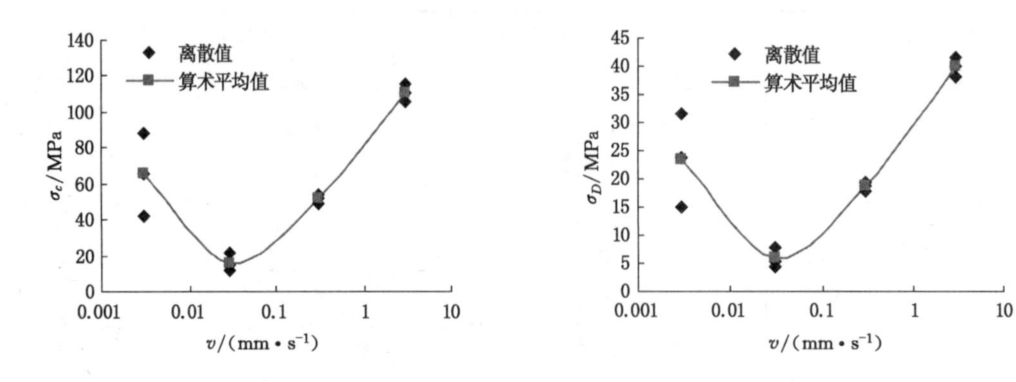

图 3-12　20 ℃泥岩峰值应力 σ_c 与损伤阈值应力 σ_D 随加载速率变化的曲线

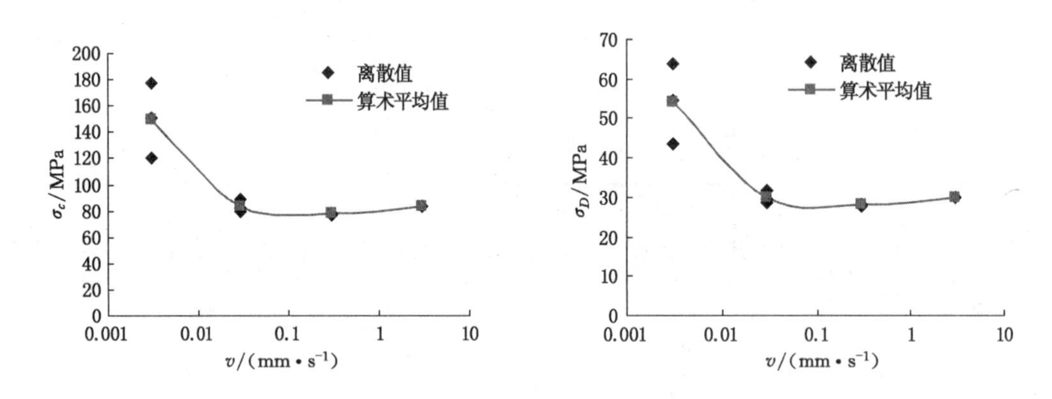

图 3-13　200 ℃泥岩峰值应力 σ_c 与损伤阈值应力 σ_D 随加载速率变化的曲线

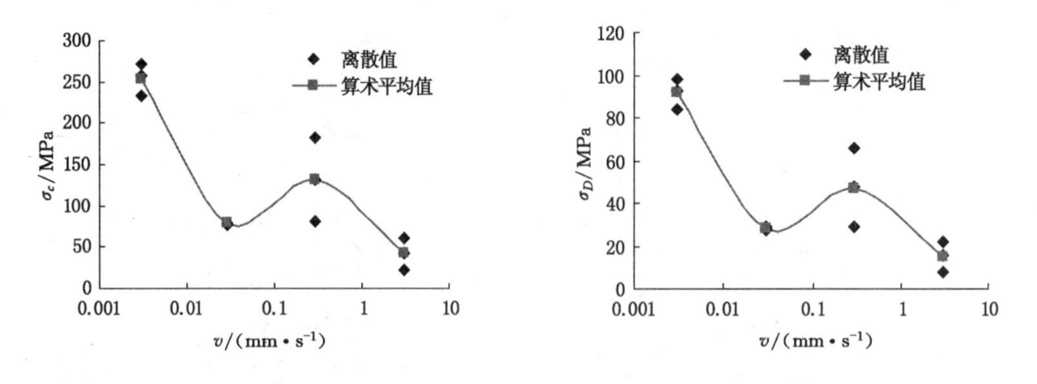

图 3-14　400 ℃泥岩峰值应力 σ_c 与损伤阈值应力 σ_D 随加载速率变化的曲线

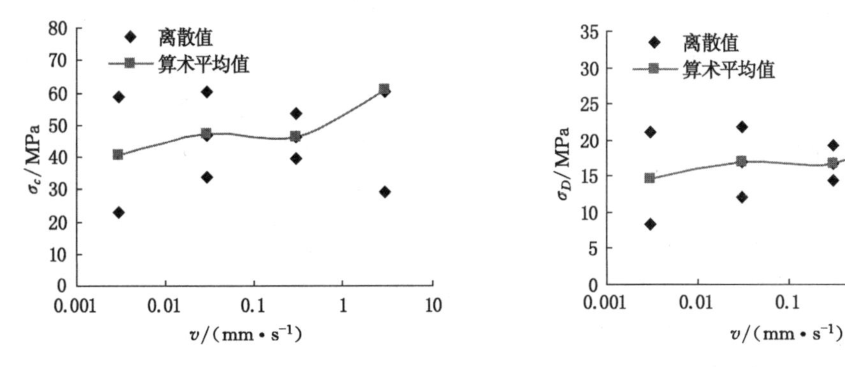

图 3-15 600 ℃泥岩峰值应力 σ_c 与损伤阈值应力 σ_D 随加载速率变化的曲线

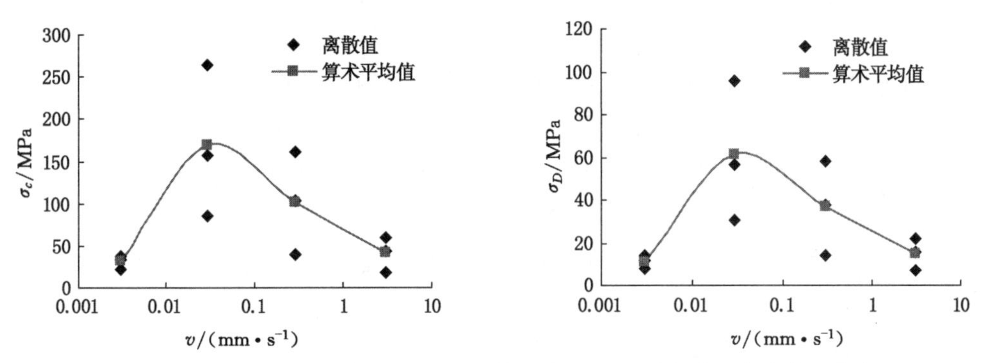

图 3-16 800 ℃泥岩峰值应力 σ_c 与损伤阈值应力 σ_D 随加载速率变化的曲线

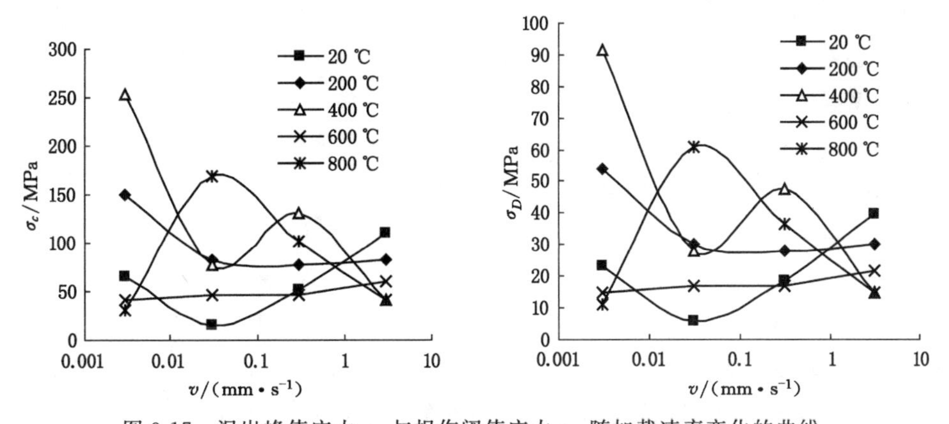

图 3-17 泥岩峰值应力 σ_c 与损伤阈值应力 σ_D 随加载速率变化的曲线

由图 3-12 可看到，常温下泥岩的峰值应力具有明显的加载速率效应。随着加载速率的提高，峰值应力先降后升。岩石强度的加载速率效应已经得到了大量的研究，一般认为，岩石峰值应力随加载速率的提高而单调增加，但在低加载速率范围内，加载速率对峰值应力的影响不大。本书试验得出的加载速率与峰值应力的关系似乎与传统认知不符。但经过查阅文献数据发现，加载速率对岩石峰值应力的影响并不总是单调增加的。很多试验数据[159]揭示的加载速率-峰值应力关系与图 3-12 相似,但并没有引起足够的重视和研究。

由表 3-6 及图 3-12 得到:加载速率由 0.003 mm/s 增加到 0.03 mm/s 时,峰值应力急剧下降,由 65.21 MPa 降低到 16.14 MPa,降低了约 75.25%,说明此阶段加载速率的增加大大降低了泥岩试样的强度;加载速率由 0.03 mm/s 增加到 3 mm/s 时,峰值应力变化非常剧烈。由 16.14 MPa 增加到 110.74 MPa,增幅为 586.12%,可见常温下泥岩的峰值应力具有明显的加载速率效应。

岩石材料的变形特性受到多种因素的影响,包括热活化效应、黏性松弛效应、惯性效应等。加载速率很低时,黏性松弛效应、惯性效应可以忽略,仅热活化效应起作用,相应的变形形式表现为流变;中低加载速率条件下,黏性松弛效应逐渐占据主导地位,具体表现为材料变形破坏的时效特征;当加载速率较高时,材料破坏的惯性效应逐渐占据主导地位,材料在达到致损应力之后并不会很快丧失承载能力,而是表现出延迟破坏的特征,其极限强度随加载速率的提高有一定提高。还有一种解释是从能量的角度出发,认为材料破坏是微裂纹充分扩展的结果,高加载速率作用下,材料内部微裂纹扩展滞后于载荷的增加,吸收的能量不能以微裂纹的形式释放,只能蓄积于材料内部,从而使强度增加。这一规律与传统的加载速率-强度依赖关系相符[120]。

由图 3-13 可以看出,200 ℃不同加载速率下泥岩的峰值应力、损伤阈值应力曲线具有如下特征:

泥岩的峰值应力随加载速率的增大逐渐减低,说明 200 ℃时加载速率越快,泥岩越容易破坏。泥岩峰值应力随加载速率的变化可分为以下两个阶段:① 加载速率由 0.003 mm/s增加到 0.03 mm/s 时,峰值应力急剧下降,由 149.82 MPa 下降到 83.53 MPa,降低了约 44.25%,说明随着加载速率的增加减小了泥岩试样的强度,但明显较常温时加载速率对峰值应力的影响要小;② 此后继续增大加载速率,泥岩的峰值应力变化不明显,说明此阶段加载速率并不是影响泥岩试样强度的重要因素,与常温下峰值应力随加载速率的变化规律差异很大。

由图 3-14 可以看出,400 ℃时泥岩的峰值应力随加载速率的变化起伏很大,加载速率由 0.003 mm/s 增加到 0.3 mm/s 的过程中,峰值应力的变化规律与常温下一致,先减小后增大,由 0.003 mm/s 增加到 0.03 mm/s 的过程中,峰值应力下降了 69.23%,高于 200 ℃但低于常温时此阶段下降幅度;加载速率由 0.3 mm/s 增加到 3 mm/s 时,变化趋势开始较常温时发生变化,呈现出下降趋势,由 131.80 MPa 降低到 41.85 MPa,降低了约 68.25%。

由图 3-15 可以看出,600 ℃时泥岩没有表现出非常明显的加载速率效应,泥岩的峰值应力随加载速率的变化大致呈缓慢上升的趋势,加载速率由 0.003 mm/s 增加到 0.03 mm/s 的过程中,峰值应力由 40.76 MPa 上升到 47.03 MPa,上升了 15.38%;加载速率由 0.03 mm/s 增加到 0.3 mm/s 时,峰值应力随加载速率的变化不大;加载速率由 0.3 mm/s 增加到 3 mm/s 时,峰值应力由 46.41 MPa 上升到 60.61 MPa,上升了约 30.60%。

由图 3-16 可以看出,800 ℃时泥岩表现出较强的加载速率效应。随着加载速率的提高，泥岩的峰值应力先上升后下降，与常温下的变化规律正好相反。加载速率由0.003 mm/s增加到0.03 mm/s的过程中，峰值应力急剧上升，由31.22 MPa上升到169.33 MPa，上升了442.38%，反映了岩样在高加载速率载荷作用下的强化特性；加载速率由0.03 mm/s增加到3 mm/s的过程中，峰值应力下降了75.93%，此过程出现的转折下降说明了每种材料都有一定的整体强度极限，超过此极限后，其性能将劣化。

图3-17给出了常温至800 ℃时泥岩峰值应力与损伤阈值应力随加载速率的变化曲线，可以看出，高温下泥岩的加载速率效应与常温下差别很大。常温至400 ℃范围内，加载速率低于0.03 mm/s时泥岩峰值应力随加载速率的变化规律大体一致，加载速率的增加均在一定程度上降低了泥岩的强度，但此后继续增加加载速率，不同温度条件下峰值应力的变化规律开始出现很大的差异。600 ℃时，泥岩的峰值应力对加载速率的敏感度明显降低。温度继续升高到800 ℃时，随加载速率的增加泥岩的峰值应力呈先上升后下降的趋势。

3.3.2 不同加载速率下泥岩的峰值应变

对应于泥岩损伤阈值应力的定义，损伤阈值应变定义为：在岩石的全应力-应变曲线上，当应力状态达到损伤阈值应力点处，此刻所对应的应变值，记为ε_D。表3-11～表3-15给出了不同温度时，泥岩峰值应变ε_c与损伤阈值应变ε_D随加载速率的变化规律，图3-18～图3-23分别给出了不同温度作用下泥岩峰值应变ε_c与损伤阈值应变ε_D随加载速率的变化曲线。

表3-11 常温时泥岩峰值应变ε_c与损伤阈值应变ε_D随加载速率的变化规律

加载速率/($mm \cdot s^{-1}$)	序号	峰值应变$\varepsilon_c/10^{-2}$		损伤阈值应变$\varepsilon_D/10^{-2}$	
		测试值	均值	测试值	均值
3×10^{-3}	1	0.760 6	0.647 6	0.384 0	0.272 4
	2	0.591 1		0.219 2	
	3	0.591 1		0.214 0	
3×10^{-2}	4	0.300 0	0.889 8	0.083 7	0.114 7
	5	1.250 0		0.180 0	
	6	1.119 3		0.080 3	
3×10^{-1}	7	1.636 4	1.636 1	0.608 2	0.608 3
	8	1.539 7		0.432 4	
	9	1.732 1		0.784 3	
3	10	1.224 0	1.222 0	0.499 0	0.512 0
	11	1.325 0		0.612 3	
	12	1.117 0		0.424 7	

表 3-12 200 ℃泥岩峰值应变 ε_c 与损伤阈值应变 ε_D 随加载速率的变化规律

加载速率/(mm·s^{-1})	序号	峰值应变 $\varepsilon_c/10^{-2}$		损伤阈值应变 $\varepsilon_D/10^{-2}$	
		测试值	均值	测试值	均值
3×10^{-3}	1	0.656 7	0.810 2	0.312 0	0.364 0
	2	0.887 0		0.392 0	
	3	0.886 9		0.388 1	
3×10^{-2}	4	1.457 9	1.309 9	0.809 8	0.651 1
	5	1.176 9		0.491 3	
	6	1.294 9		0.652 3	
3×10^{-1}	7	1.192 3	1.319 9	0.561 6	0.583 1
	8	1.467 5		0.608 0	
	9	1.299 8		0.579 8	
3	10	1.590 0	1.490 0	0.699 0	0.583 2
	11	1.410 0		0.454 0	
	12	1.470 0		0.596 5	

表 3-13 400 ℃泥岩峰值应变 ε_c 与损伤阈值应变 ε_D 随加载速率的变化规律

加载速率/(mm·s^{-1})	序号	峰值应变 $\varepsilon_c/10^{-2}$		损伤阈值应变 $\varepsilon_D/10^{-2}$	
		测试值	均值	测试值	均值
3×10^{-3}	1	1.091 0	1.082 6	0.459 7	0.423 0
	2	1.067 2		0.390 7	
	3	1.089 7		0.418 7	
3×10^{-2}	4	0.641 4	0.616 4	0.257 8	0.235 9
	5	0.594 0		0.214 5	
	6	0.613 9		0.235 4	
3×10^{-1}	7	0.560 2	0.783 6	0.271 2	0.363 3
	8	0.993 5		0.458 0	
	9	0.797 0		0.360 6	
3	10	0.830 0	0.579 7	0.273 0	0.187 1
	11	0.272 0		0.092 0	
	12	0.637 0		0.196 2	

表 3-14 600 ℃泥岩峰值应变 ε_c 与损伤阈值应变 ε_D 随加载速率的变化规律

加载速率/(mm·s^{-1})	序号	峰值应变 $\varepsilon_c/10^{-2}$		损伤阈值应变 $\varepsilon_D/10^{-2}$	
		测试值	均值	测试值	均值
3×10^{-3}	1	0.836 0	0.761 5	0.352 2	0.245 6
	2	0.686 9		0.139 0	
	3	1.936 0(异常)		0.861 0(异常)	
3×10^{-2}	4	0.463 5	0.963 7	0.175 5	0.392 6
	5	1.443 8		0.589 5	
	6	0.983 7		0.412 8	
3×10^{-1}	7	0.727 0	0.752 0	0.091 5	0.171 8
	8	0.757 0		0.232 0	
	9	0.772 0		0.191 9	
3	10	1.414 0	1.055 0	0.335 0	0.243 0
	11	0.676 0		0.131 0	
	12	1.075 0		0.263 0	

表 3-15 800 ℃泥岩峰值应变 ε_c 与损伤阈值应变 ε_D 随加载速率的变化规律

加载速率/(mm·s^{-1})	序号	峰值应变 $\varepsilon_c/10^{-2}$		损伤阈值应变 $\varepsilon_D/10^{-2}$	
		测试值	均值	测试值	均值
3×10^{-3}	1	0.453 8	0.831 9	0.150 7	0.161 9
	2	1.190 0		0.153 0	
	3	0.851 9		0.181 9	
3×10^{-2}	4	1.531 0	1.666 5	0.506 0	0.664 7
	5	1.602 0		0.607 0	
	6	1.866 5		0.881 0	
3×10^{-1}	7	1.373 0	0.999 0	0.501 0	0.342 0
	8	0.624 0		0.163 0	
	9	1.000 0		0.362 0	
3	10	0.511 9	0.784 4	0.191 5	0.156 2
	11	1.036 9		0.100 8	
	12	0.804 4		0.176 3	

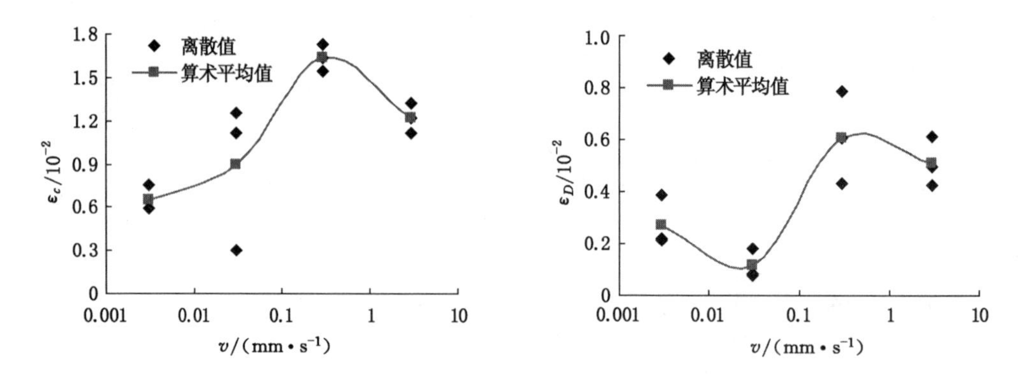

图 3-18　常温时泥岩峰值应变 ε_c 与损伤阈值应变 ε_D 随加载速率变化的曲线

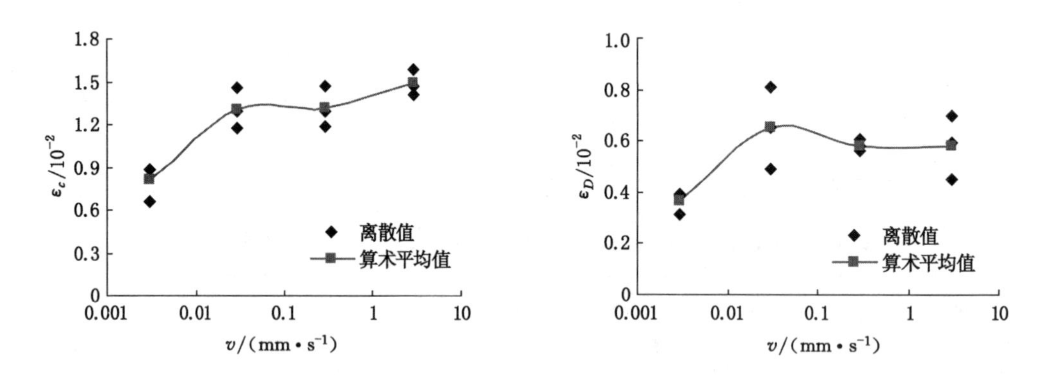

图 3-19　200 ℃泥岩峰值应变 ε_c 与损伤阈值应变 ε_D 随加载速率变化的曲线

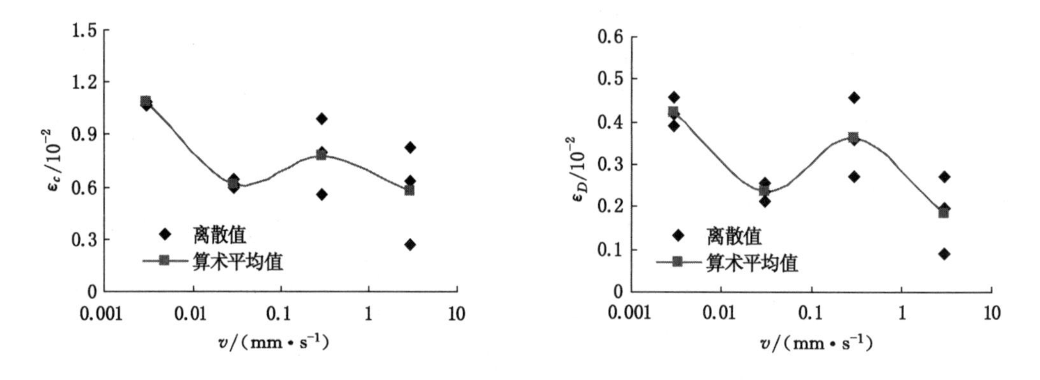

图 3-20　400 ℃泥岩峰值应变 ε_c 与损伤阈值应变 ε_D 随加载速率变化的曲线

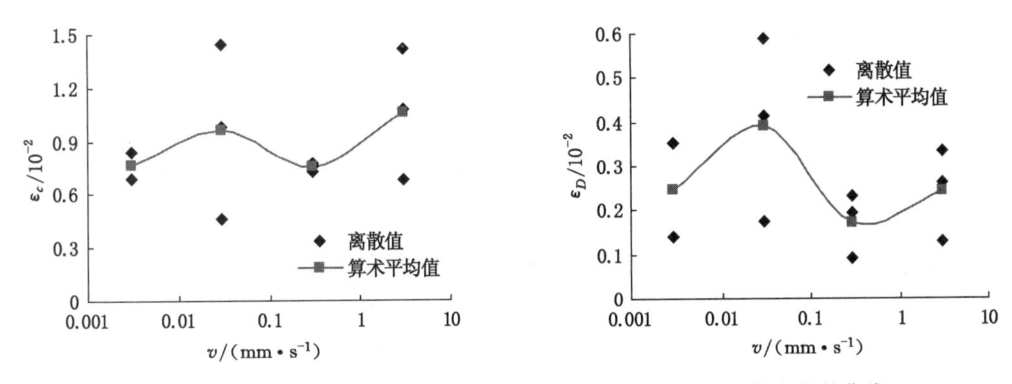

图 3-21　600 ℃泥岩峰值应变 ε_c 与损伤阈值应变 ε_D 随加载速率变化的曲线

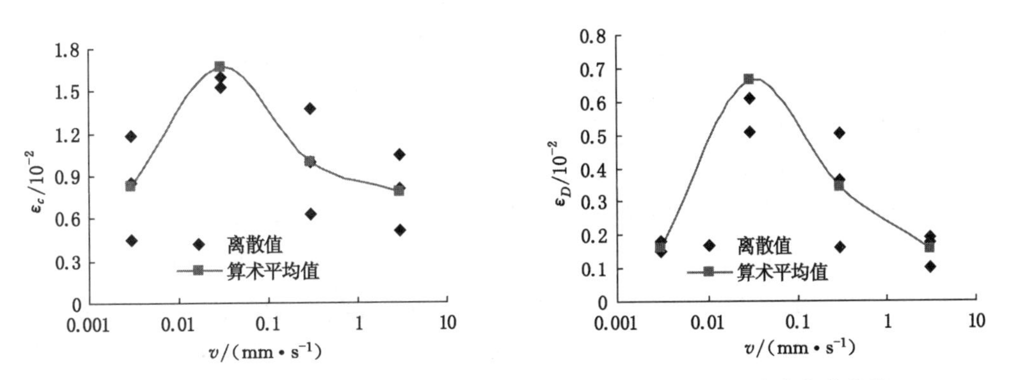

图 3-22　800 ℃泥岩峰值应变 ε_c 与损伤阈值应变 ε_D 随加载速率变化的曲线

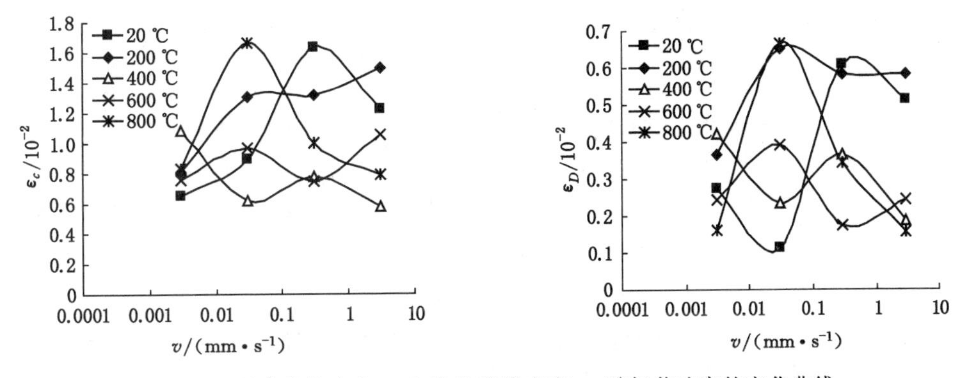

图 3-23　泥岩峰值应变 ε_c 与损伤阈值应变 ε_D 随加载速率的变化曲线

由图 3-18 可看出，常温时泥岩的峰值应变随加载速率的增加先增大后减小。加载速率由 0.003 mm/s 增加到 0.3 mm/s 时，峰值应变由 $0.647\ 6\times10^{-2}$增加到 $1.636\ 1\times10^{-2}$，上升了约 152.64%，尤其加载速率由 0.03 mm/s 增加到 0.3 mm/s 时，上升幅度最大；此后继续增大加载速率，泥岩的峰值应变又由 $1.636\ 1\times10^{-2}$下降到 $1.222\ 0\times10^{-2}$，下降了约 25.31%。

常温时泥岩的损伤阈值应变随加载速率的增加起伏很大。加载速率由 0.003 mm/s 增加到 0.03 mm/s 时，损伤阈值应变由 $0.272\ 4\times10^{-2}$ 降低到 $0.114\ 7\times10^{-2}$，降低了约 57.89%；加载速率由 0.03 mm/s 增加到 0.3 mm/s 时，损伤阈值应变又上升到 $0.608\ 3\times10^{-2}$，上升了约 430.34%；加载速率由 0.3 mm/s 增加到 3 mm/s 时，泥岩的损伤阈值应变又有了小幅度的下降，下降了约 15.83%。

由图 3-19 可看出，泥岩的峰值应变随加载速率的变化呈逐渐增大的趋势，说明 200 ℃时加载速率越大，泥岩试样在峰值应力前的变形越大，与常温下峰值应变随加载速率的变化规律差异也很大。尤其在加载速率由 0.003 mm/s 增加到 0.03 mm/s 时，峰值应变增长幅度很大，由 $0.810\ 2\times10^{-2}$ 增加到 $1.309\ 9\times10^{-2}$，上升了约 61.68%；此后继续增大加载速率，泥岩的峰值应变上升较为平缓。

加载速率由 0.003 mm/s 增加到 0.03 mm/s 时，泥岩的损伤阈值应变由 $0.364\ 0\times10^{-2}$ 上升到 $0.651\ 1\times10^{-2}$，上升了约 78.87%，加载速率由 0.03 mm/s 增加到 0.3 mm/s 时，损伤阈值应变又下降到 $0.583\ 1\times10^{-2}$，下降了约 10.44%；加载速率继续增加到 3 mm/s时，泥岩的损伤阈值应变随加载速率的变化不大。

由表 3-13 和图 3-20 可看出，400 ℃时泥岩的峰值应变在加载速率由 0.003 mm/s 增加到 0.03 mm/s 时，呈下降趋势，降低幅度约 43.06%；加载速率继续增加后，峰值应变的变化趋势与常温时此阶段的变化趋势大体相同，随加载速率的增加先增大后减小。

400 ℃时泥岩的损伤阈值应变随加载速率的变化与常温下的变化规律相似。加载速率由 0.003 mm/s 增加到 0.03 mm/s 的过程中，损伤阈值应变由 $0.423\ 0\times10^{-2}$ 下降到 $0.235\ 9\times10^{-2}$，下降了约 44.23%；加载速率继续增加到 0.3 mm/s 时，损伤阈值应变又上升到 $0.363\ 3\times10^{-2}$，上升了约 54.01%；加载速率由 0.3 mm/s 增加到 3 mm/s 时，泥岩的损伤阈值应变又下降了约 48.50%。

由图 3-21 可看出，600 ℃时泥岩的峰值应变随加载速率的变化起伏很大，与 400 ℃时峰值应变的变化趋势正好相反。在加载速率由 0.003 mm/s 增加到 0.03 mm/s 时，呈上升趋势，上升幅度约 26.55%；加载速率继续增加到 0.3 mm/s，峰值应变随加载速率的增加降低了约 21.97%；加载速率由 0.3 mm/s 增加到 3 mm/s 时，峰值应变又上升了约 40.29%。

加载速率由 0.003 mm/s 增加到 0.03 mm/s 时，泥岩的损伤阈值应变由 $0.245\ 6\times10^{-2}$ 上升到 $0.392\ 6\times10^{-2}$，上升了约 59.85%；加载速率由 0.03 mm/s 增加到 0.3 mm/s 时，损伤阈值应变又下降到 $0.171\ 8\times10^{-2}$，降低幅度约 56.24%；加载速率由 0.3 mm/s 增加到 3 mm/s 时，泥岩的损伤阈值应变又呈现出回升趋势，由 $0.171\ 8\times10^{-2}$ 上升到 $0.243\ 0\times10^{-2}$。

由图 3-22 可看出，800 ℃时泥岩的峰值应变随加载速率的增加呈先上升后下降的趋势。在加载速率由0.003 mm/s 增加到0.03 mm/s 时，呈上升趋势，上升幅度约100.32%；加载速率继续增加后，峰值应变随加载速率的增加呈下降趋势，下降了约 40.05%。

800 ℃时泥岩的损伤阈值应变随加载速率的增加同样呈先上升后下降的趋势。在加载速率由 0.003 mm/s 增加到 0.03 mm/s 时，呈上升趋势，上升幅度约 310.56%；加载速率由 0.3 mm/s 增加到 3 mm/s，损伤阈值应变随加载速率的增加急剧下降，下降了约 54.33%。

图 3-23 给出了常温至 800 ℃时泥岩峰值应变与损伤阈值应变随加载速率的变化曲线，由图可看出，常温至 200 ℃的温度条件下，峰值应变随加载速率的变化趋势大体相似，整体呈现出上升的趋势；此后继续升高温度，变化规律明显发生变化，峰值应变随加载速率的增加变化不是很大；当温度达到 800 ℃时，泥岩试样又表现出明显的加载速率效应。

3.4 不同加载速率下泥岩的脆延转化特性

本书认为，当轴向应力达到 80%的峰值应力时，岩样开始屈服。第 2 章中我们已经定义岩石破坏应变 ε_c 与屈服应变 ε_s 的比值为岩石的延性系数 $\dot{\nu}$。

不同温度时泥岩的屈服应变 ε_s 与延性系数 $\dot{\nu}$ 随加载速率的变化规律如表 3-16～表 3-20所示，图 3-24～图 3-29 分别给出了泥岩的屈服应变 ε_s 与延性系数 $\dot{\nu}$ 随加载速率的变化曲线。

表 3-16 常温时泥岩屈服应变 ε_s 与延性系数 $\dot{\nu}$ 随加载速率的变化规律

加载速率/(mm·s^{-1})	序号	屈服应变 $\varepsilon_s/10^{-2}$		延性系数 $\dot{\nu}$	
		测试值	均值	测试值	均值
3×10^{-3}	1	0.604 0	0.517 0	1.259 3	1.252 0
	2	0.477 1		1.238 9	
	3	0.469 9		1.257 9	
3×10^{-2}	4	0.220 0	0.431 2	1.363 6	1.785 0
	5	0.581 0		2.151 5	
	6	0.492 7		1.839 9	
3×10^{-1}	7	1.024 0	1.024 0	1.598 0	1.597 3
	8	1.016 0		1.515 5	
	9	1.032 0		1.678 4	
3	10	1.025 0	1.025 0	1.194 2	1.1916
	11	1.035 0		1.280 2	
	12	1.015 0		1.100 5	

表 3-17　200 ℃泥岩屈服应变 ε_s 与延性系数 $\dot{\nu}$ 随加载速率的变化规律

加载速率/(mm·s^{-1})	序号	屈服应变 $\varepsilon_s/10^{-2}$		延性系数 $\dot{\nu}$	
		测试值	均值	测试值	均值
3×10^{-3}	1	0.553 5	0.668 0	1.186 5	1.210 8
	2	0.727 3		1.219 6	
	3	0.723 3		1.226 2	
3×10^{-2}	4	1.289 7	0.967 5	1.130 4	1.362 7
	5	0.737 9		1.594 9	
	6	0.874 9		1.362 8	
3×10^{-1}	7	0.782 0	1.003 9	1.524 7	1.334 6
	8	1.225 7		1.197 3	
	9	1.004 0		1.281 9	
3	10	1.380 0	1.109 8	1.152 2	1.381 9
	11	0.853 0		1.653 0	
	12	1.096 5		1.340 6	

表 3-18　400 ℃泥岩屈服应变 ε_s 与延性系数 $\dot{\nu}$ 随加载速率的变化规律

加载速率/(mm·s^{-1})	序号	屈服应变 $\varepsilon_s/10^{-2}$		延性系数 $\dot{\nu}$	
		测试值	均值	测试值	均值
3×10^{-3}	1	0.843 5	0.857 3	1.265 2	1.278 2
	2	0.872 5		1.296 4	
	3	0.856 0		1.273 0	
3×10^{-2}	4	0.463 4	0.415 6	1.384 1	1.489 2
	5	0.386 7		1.536 1	
	6	0.396 7		1.547 5	
3×10^{-1}	7	0.475 8	0.643 3	1.177 4	1.217 3
	8	0.830 8		1.195 8	
	9	0.623 3		1.278 7	
3	10	0.518 0	0.358 5	1.602 3	1.580 7
	11	0.200 9		1.353 9	
	12	0.356 7		1.785 8	

表 3-19 600 ℃泥岩屈服应变 ε_s 与延性系数 $\dot{\nu}$ 随加载速率的变化规律

加载速率/(mm·s^{-1})	序号	屈服应变 $\varepsilon_s/10^{-2}$		延性系数 $\dot{\nu}$	
		测试值	均值	测试值	均值
3×10^{-3}	1	0.669 5	0.529 6	1.248 7	1.408 9
	2	0.389 6		1.763 1	
	3	1.593 7(异常)		1.214 8	
3×10^{-2}	4	0.372 8	0.796 4	1.243 3	1.217 1
	5	1.200 0		1.203 2	
	6	0.816 4		1.204 9	
3×10^{-1}	7	0.252 0	0.415 8	1.476 2	1.533 4
	8	0.559 5		1.353 0	
	9	0.435 9		1.771 0	
3	10	0.788 0	0.549 0	1.794 4	2.004 9
	11	0.290 0		2.331 0	
	12	0.569 0		1.889 3	

表 3-20 800 ℃泥岩屈服应变 ε_s 与延性系数 $\dot{\nu}$ 随加载速率的变化规律

加载速率/(mm·s^{-1})	序号	屈服应变 $\varepsilon_s/10^{-2}$		延性系数 $\dot{\nu}$	
		测试值	均值	测试值	均值
3×10^{-3}	1	0.333 5	0.514 0	1.360 7	1.573 4
	2	0.674 4		1.764 5	
	3	0.534 1		1.595 0	
3×10^{-2}	4	1.124 2	1.365 7	1.361 9	1.252 9
	5	1.183 0		1.354 2	
	6	1.790 0		1.042 7	
3×10^{-1}	7	1.087 0	0.762 2	1.263 1	1.341 4
	8	0.424 0		1.471 7	
	9	0.775 5		1.289 5	
3	10	0.414 5	0.424 8	1.234 9	1.847 2
	11	0.415 0		2.498 6	
	12	0.444 9		1.808 1	

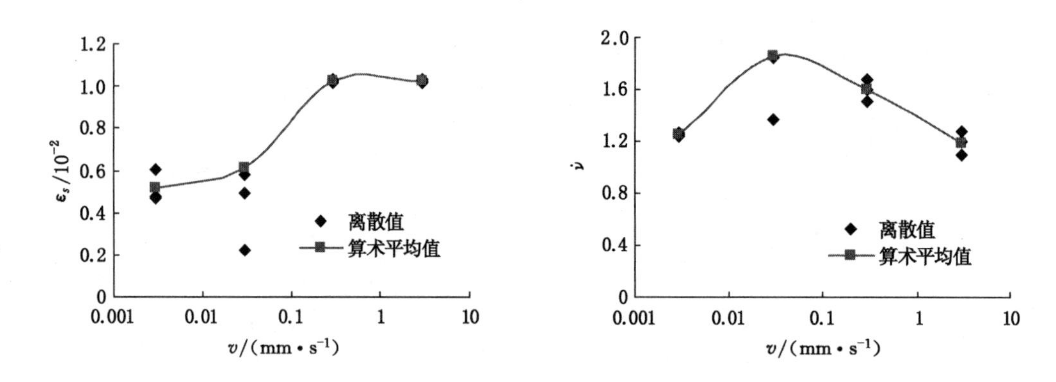

图 3-24　常温时泥岩屈服应变 ε_s 与延性系数 $\dot{\nu}$ 随加载速率的变化曲线

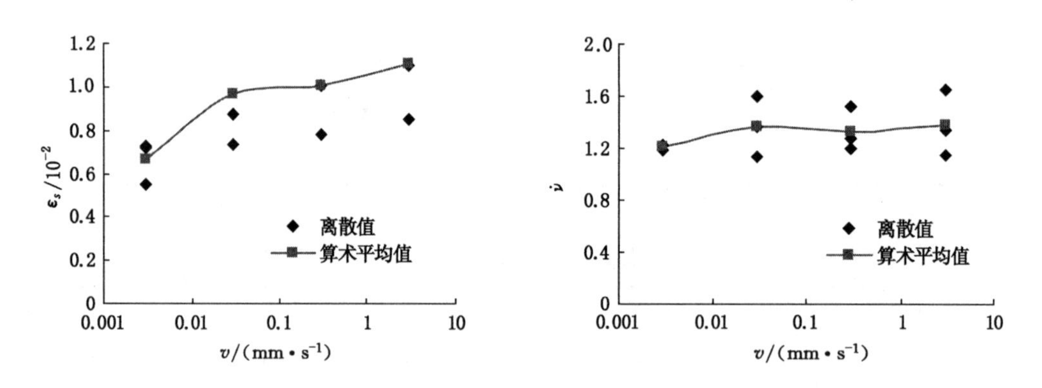

图 3-25　200 ℃泥岩屈服应变 ε_s 与延性系数 $\dot{\nu}$ 随加载速率的变化曲线

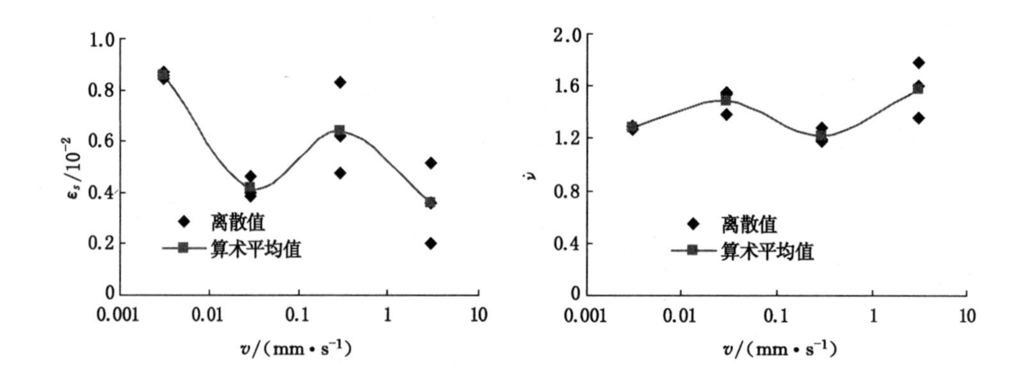

图 3-26　400 ℃泥岩屈服应变 ε_s 与延性系数 $\dot{\nu}$ 随加载速率的变化曲线

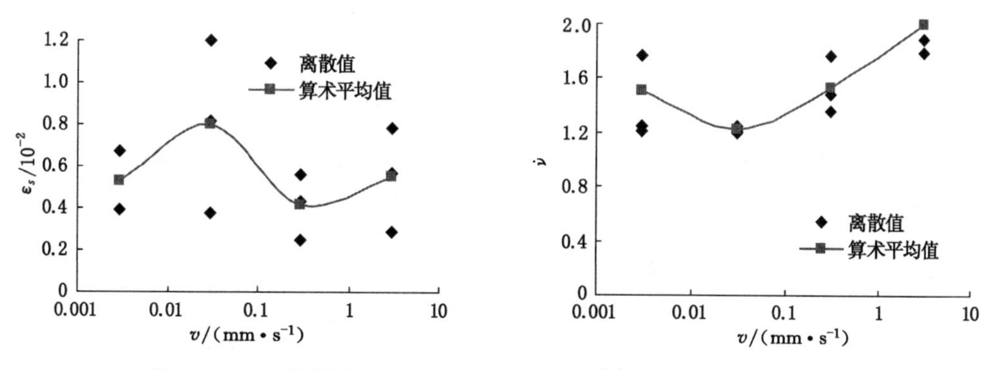

图 3-27　600 ℃泥岩屈服应变 ε_s 与延性系数 $\dot{\nu}$ 随加载速率的变化曲线

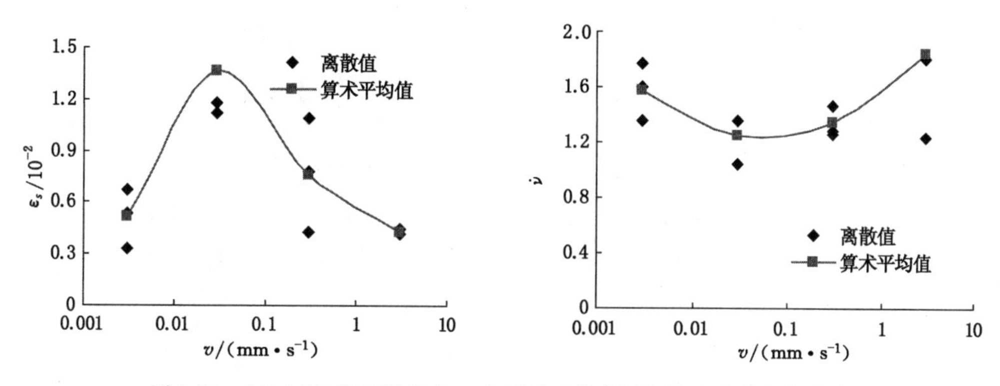

图 3-28　800 ℃泥岩屈服应变 ε_s 与延性系数 $\dot{\nu}$ 随加载速率的变化曲线

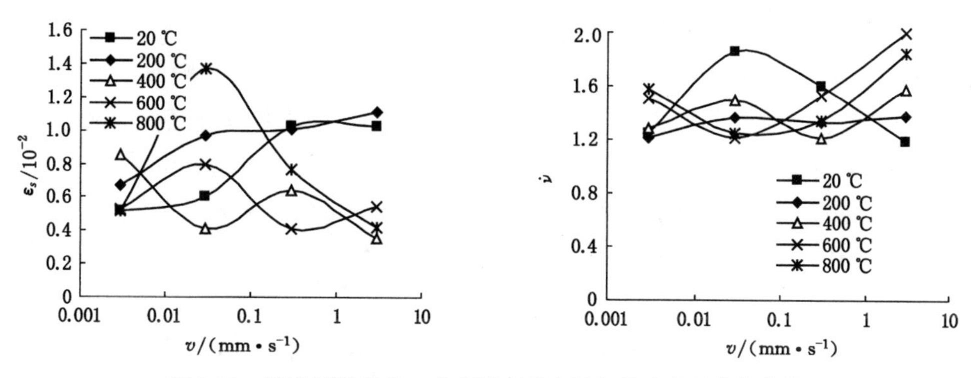

图 3-29　泥岩屈服应变 ε_s 与延性系数 $\dot{\nu}$ 随加载速率的变化曲线

图 3-24 分别给出了常温下泥岩屈服应变 ε_s 与延性系数 $\dot{\nu}$ 随加载速率的变化曲线。可以看出:① 随加载速率的升高,泥岩的屈服应变整体上呈现逐渐上升的趋势。其中,加载速率在 0.03 mm/s 增加到 0.3 mm/s 的过程中,泥岩的屈服应变增加较大,增加了约 137.48%。② 加载速率由 0.003 mm/s 增加到 0.03 mm/s 时,泥岩的延性系数由 1.252 0 增加到 1.785 0,泥岩破坏体现了一定的延性特征,加载速率的增加在某种程度上提高了泥岩

试样的延性;而当加载速率增加到 3 mm/s 时,延性系数迅速下降到 1.191 6,体现出岩样的脆性破坏特征。

图 3-25 分别给出了 200 ℃泥岩屈服应变 ε_s 与延性系数 $\dot{\nu}$ 随加载速率的变化曲线。可以看出:① 随加载速率的升高,泥岩的屈服应变整体上呈现逐渐上升的趋势,与常温下的变化规律类似。其中,加载速率由 0.003 mm/s 增加到 0.03 mm/s 时,泥岩的屈服应变增加较大。② 泥岩的延性系数随加载速率的增大变化不是很明显,没有表现出明显的加载速率效应。

400 ℃温度条件下泥岩屈服应变 ε_s 与延性系数 $\dot{\nu}$ 随加载速率的变化规律明显较常温下发生变化。由图 3-26 可以看出:① 随加载速率的升高,泥岩的屈服应变随加载速率的变化规律与 200 ℃时有所不同。加载速率由 0.003 mm/s 增大到 0.03 mm/s 时,泥岩的屈服应变由 $0.857\ 3\times10^{-2}$ 下降到 $0.415\ 6\times10^{-2}$,下降了约 51.52%;加载速率由 0.03 mm/s 增大到 0.3 mm/s 时,泥岩的屈服应变又上升至 $0.643\ 3\times10^{-2}$,上升了约 54.79%;加载速率继续增大到 3 mm/s 时,泥岩的屈服应变又下降了约 44.27%。② 加载速率由0.003 mm/s 增大到 0.03 mm/s 时,泥岩的延性系数由 1.278 2 增加到 1.489 2,泥岩破坏开始体现出一定的延性特征;加载速率由 0.03 mm/s 增大到 0.3 mm/s时,泥岩的延性系数又下降至 1.217 3,体现出脆性破坏特征;加载速率继续增大到 3 mm/s 时,泥岩的延性系数又上升至 1.580 7。

600 ℃温度条件下泥岩屈服应变 ε_s 与延性系数 $\dot{\nu}$ 随加载速率的变化规律如图 3-27 所示。由图 3-27 可以看出:① 随加载速率的升高,泥岩的屈服应变随加载速率的增加起伏很大。加载速率由 0.003 mm/s 增大到 0.03 mm/s 时,泥岩的屈服应变由 $0.529\ 6\times10^{-2}$ 上升到 $0.796\ 4\times10^{-2}$,上升了约 50.38%;加载速率由 0.03 mm/s 增大到 0.3 mm/s 时,泥岩的屈服应变又下降至 $0.415\ 8\times10^{-2}$,下降了约 47.79%;加载速率继续增大到 3 mm/s时,泥岩的屈服应变又上升到 $0.549\ 0\times10^{-2}$。② 泥岩的延性系数随加载速率的增大呈先下降后上升的趋势。加载速率由 0.003 mm/s 增大到 0.03 mm/s 时,泥岩的延性系数由1.408 9下降到 1.217 1,此过程加载速率的增大减弱了泥岩的延性特征;加载速率由0.03 mm/s 增大到 3 mm/s 时,泥岩的延性系数又上升至 2.004 9,体现了显著的延性破坏特征。

泥岩在 800 ℃时屈服应变 ε_s 与延性系数 $\dot{\nu}$ 随加载速率的变化规律如图 3-28 所示。由图 3-28 可以看出:① 随加载速率的升高,泥岩的屈服应变随加载速率的增大起伏很大,呈先上升后下降的趋势。加载速率由 0.003 mm/s 增大到 0.03 mm/s 时,泥岩的屈服应变由 $0.514\ 0\times10^{-2}$ 上升到 $1.365\ 7\times10^{-2}$,上升了约 165.70%;加载速率由 0.03 mm/s 增大到 0.3 mm/s 时,泥岩的屈服应变又下降至 $0.762\ 2\times10^{-2}$,降低幅度约 44.19%;加载速率继续增大到 3 mm/s 时,泥岩的屈服应变继续下降至 $0.424\ 8\times10^{-2}$。② 泥岩的延性系数随加载速率的增大呈先下降后上升的趋势。加载速率由 0.003 mm/s 增大到 0.03 mm/s 时,泥岩的延性系数由 1.573 4 下降到 1.252 9,此过程加载速率的增大减弱了泥岩的延性特征;加载速率由 0.03 mm/s 增大到 3 mm/s 时,泥岩的延性系数又上升至 1.847 2,体现了显著延性破坏特征。

图 3-29 给出了常温至 800 ℃下泥岩试样屈服应变和延性系数随加载速率的变化曲线,由图可以看出:① 常温至 200 ℃时,泥岩试样的屈服应变随加载速率的增加大体上呈现出上升趋势,当温度超过 200 ℃后,泥岩试样的变化规律明显发生变化。② 常温时,随加载速率的增加,泥岩试样的延性呈先增强后减弱的趋势;200～400 ℃温度条件下,泥岩试样的脆延性转化不是很明显;600～800 ℃温度条件下,随加载速率的增加,泥岩试样的延性呈先下降后上升的趋势,与常温时的变化规律相反。

3.5 本章小结

本章利用 MTS810 电液伺服材料试验系统以及与之配套的高温环境炉 MTS652.02 在常温、200 ℃、400 ℃、600 ℃、800 ℃ 5 种不同的温度条件下对泥岩试样进行了 4 种不同加载速率的单轴压缩试验,分析了不同温度条件下泥岩力学性能随加载速率的变化规律,主要结论如下:

① 不同加载速率下,泥岩的应力-应变曲线大体经历了如下 4 个阶段:微裂隙压密阶段、弹性变形阶段、裂隙扩展阶段和破裂后阶段。在常温至 400 ℃时,泥岩应力-应变曲线形态均在加载速率增加到 0.03 mm/s 后发生较大变化,且变化规律具有很好的一致性;600 ℃时,随着加载速率的增大,残余强度逐渐增大,应力-应变曲线形态随加载速率的增加并没有发生较大变化,加载速率效应较低温时明显降低;800 ℃时,随着加载速率的增加,岩样的脆性呈现出先增强后减弱的特征。

② 高温下泥岩岩样的加载速率效应与常温下差别很大。常温至 400 ℃,加载速率低于 0.03 mm/s 时泥岩试样峰值应力随加载速率的变化规律大体一致,加载速率的增加均在一定程度上降低了泥岩试样的强度,但此后继续增加加载速率,不同温度条件下峰值应力的变化规律开始出现很大的差异。600 ℃时,泥岩试样的峰值应力对加载速率的敏感度明显降低。温度继续升高到 800 ℃时,随加载速率的增加泥岩试样的峰值应力呈先上升后下降的趋势。

③ 常温至 200 ℃,泥岩峰值应变随加载速率的变化趋势大体相似,整体呈现出上升的趋势;此后继续升高温度,变化规律明显发生变化,峰值应变随加载速率的增加变化不是很大;当温度达到 800 ℃时,泥岩试样又表现出明显的加载速率效应。

④ 常温时,泥岩平均弹性模量随加载速率的增加呈先下降后上升的趋势;200～400 ℃温度条件下,平均弹性模量随加载速率的增加大体呈下降趋势,此后随着温度升高,泥岩试样的平均弹性模量随加载速率的变化幅度明显降低,说明此后的高温作用在某种程度上降低了泥岩试样的加载速率效应。

⑤ 泥岩试样的屈服应变在常温至 200 ℃内，随加载速率的增加大体上呈现出上升趋势，当温度超过 200 ℃后，泥岩试样的变化规律明显发生变化；常温时，随加载速率的增加，泥岩试样的延性呈先增强后减弱的趋势；200～400 ℃温度条件下，泥岩试样的脆延性转化不是很明显；600～800 ℃温度条件下，随加载速率的增加，泥岩试样的延性呈先下降后上升的趋势，与常温时的变化规律相反。

4 高温作用下泥岩的微观损伤机制分析

4.1 温度作用下泥岩的组分结构变化特征

岩石由众多的矿物成分组成，其力学特性取决于岩石矿物种类、组分含量及岩石内部结构特征等。尤其在高温作用下，各种岩石矿物对温度的响应各不相同，这势必对岩石整体的力学性能产生很大影响。认清岩石的矿物组成对深入分析岩石的力学特性及其温度响应是十分重要的。在本节中针对徐州矿区－1 000 m顶板泥岩，在中国矿业大学现代分析与计算中心，利用D8 ADVANCE型X射线衍射仪对不同温度作用下泥岩的矿物组分进行了测定。

4.1.1 岩石组分的X射线衍射测定原理与方法

4.1.1.1 X射线衍射原理

对于每种物质，其晶格类型、晶胞中原子数、原子的位置以及晶胞尺寸是特定的，依据布拉格公式($2d\sin\theta=\lambda$)，多晶体衍射花样上各线条的角度位置所确定的晶面间距d值以及它们的相对强度I/I_{max}(I_{max}是最强线的强度)，是该多晶物质的固有特性。通过对比未知物质衍射花样与标准花样的d值和I/I_{max}，便可确定其相结构。X射线衍射仪是在布拉格实验装置的基础上，配合机电技术、计算机技术等方面的成果，主要有X射线发生器、测角仪、辐射探测器、辐射探测电路及计算机系统5个基本部分。X射线衍射仪的基本工作原理：X射线管两级在高压作用下，由阴极产生的阴极电子流撞击阳极，产生X射线。X射线经梭拉狭缝S_1、发散狭缝F_S后照射到样品表面，衍射线经散射狭缝J_S、梭拉狭缝S_2、接收狭缝F_{SS}到达石墨单色器，然后进入检测器，经放大并转换为电信号，经计算机处理后为数字信息。测量过程中，样品台载着样品按照一定的步径和速度转过一定的角度θ(掠射角)，检测器伴随着转过衍射角2θ。

4.1.1.2　分析测试仪器与方法

① 仪器:D8 ADVANCE 型 X 射线衍射仪(图 4-1)。

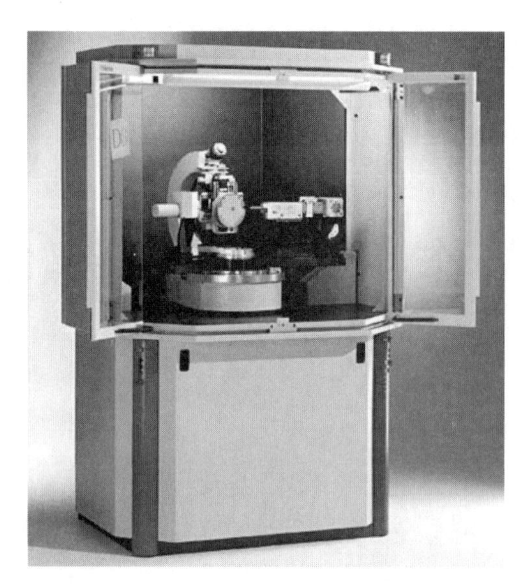

图 4-1　D8 ADVANCE 型 X 射线衍射仪

② X 射线管。电压:40 kV;电流:30 mA;阳极靶材料:Cu 靶,Kα 辐射。

③ 狭缝系统。发散狭缝:0.6 mm;防散射狭缝:8 mm;Ni 滤片滤除 Cu-Kβ 射线;接收狭缝和检测器狭缝:2.5°;索拉狭缝。

④ 采样。扫描速度:0.1 s/步;采样间隔:0.019 45°/步。

⑤ 检测器:林克斯阵列探测器。

⑥ 分析标准:利用粉末衍射联合会国际数据中心(JCPDS-ICDD)提供的各种物质标准粉末衍射资料(PDF),并按照其标准分析方法和衍射判定标准进行对照分析。

4.1.2　泥岩组分 X 射线衍射的实验步骤

4.1.2.1　样品制备

分别取常温至 800 ℃高温作用后的泥岩试样部分块体,利用玛瑙研钵研细成粉状,粒度小于 44 μm(350 目),用拇指和中指捏住少量粉末碾动,两手指间没有颗粒感觉,取质量约 1 g。将待测粉末样品在试样架里均匀分布并用玻璃板压平压实。

4.1.2.2　样品测试

将制备好的试样插入衍射仪样品台,盖上顶盖,关闭防护罩;关闭 X 光管窗口,接通衍射仪总电源、稳压电源。

开启衍射仪总电源,打开循环水系统开关,接通 X 光管电源。缓慢升高管电压、管电流至需要值。打开 X 射线衍射仪应用软件,设置合适的衍射条件及参数,开始样品测试。

测量结束后，保存数据以待分析。缓慢降低管电流、管电压至最小值，关闭 X 光管电源，取出试样。15 min 后关闭循环水系统，关闭衍射仪总电源、稳压电源及线路总电源。

4.1.2.3 数据处理与物相分析

使用数据格式转换软件(ConvX-XRD file conversion)将布鲁克衍射数据转换为 MDI Jade 软件下使用的文件格式，利用分析软件 MDI Jade 5.0 与数据库中的标准衍射图对照，确定样品的物相；利用 Origin 软件绘制 X 射线衍射图谱。

4.1.3 温度作用对泥岩组分结构变化的分析

根据衍射实验结果，绘制泥岩在各个温度点的 X 射线衍射图谱，如图 4-2 所示。表 4-1给出了泥岩各种主要成分在不同温度下的最大衍射强度值。

表 4-1 泥岩试样主要成分在不同温度下的最大衍射强度 I_{max}

温度/℃	20	100	200	400	600	700	800
I_{max}(石英)/s^{-1}	6 168	5 690	5 576	5 376	4 808	5 206	5 321
I_{max}(高岭石)/s^{-1}	963	1 403	1 197	1 476	769	0	0
I_{max}(绿锥石)/s^{-1}	853	550	0	0	0	0	0
I_{max}(云母)/s^{-1}	307	626	445	489	367	380	462
I_{max}(微斜长石)/s^{-1}	0	0	860	872	0	0	0
I_{max}(长石)/s^{-1}	0	0	0	1 351	0	0	0
I_{max}(伊利石)/s^{-1}	0	0	0	0	0	491	472

由图 4-2 及表 4-1 可以得知，本组样品主体成分为石英，同时含有部分高岭石、绿锥石、云母和少量其他矿物。各样品成分分布不均，导致各样品中矿物含量有所不同，衍射信息也有些变化。由表 4-1 可以得到泥岩主要矿物成分的最大衍射值随温度的变化曲线，如图 4-3 所示。从图中可以得出如下衍射信息：

① 石英是泥岩中最主要矿物，含量可达 74%左右。由图 4-3 中可以看出，泥岩试样中石英最大衍射强度的变化较其他成分是相对稳定的。温度在 600 ℃前，石英衍射强度呈逐渐降低的趋势，最大衍射强度由常温的 6 168 s^{-1}一直降至 600 ℃的 4 808 s^{-1}，降低了约 22.05%，600 ℃后石英的最大衍射强度由 600 ℃的 4 808 s^{-1}上升到 800 ℃的 5 321 s^{-1}。石英颗粒随温度变化时其体积会发生很大的变化。

$$117\ ℃ \rightleftharpoons \alpha—鳞石英 \rightleftharpoons \beta_1—鳞石英+0.2\%$$

$$163\ ℃ \rightleftharpoons \beta_1—鳞石英 \rightleftharpoons \alpha—鳞石英+0.2\%$$

$$180\sim270\ ℃ \rightleftharpoons \beta—方石英 \rightleftharpoons \alpha—方石英+2.0\%$$

$$573\ ℃ \rightleftharpoons \beta—石英 \rightleftharpoons \alpha—方石英+0.82\%$$

$$870\ ℃ \rightleftharpoons \alpha—石英 \rightleftharpoons \alpha—鳞石英+16\%$$

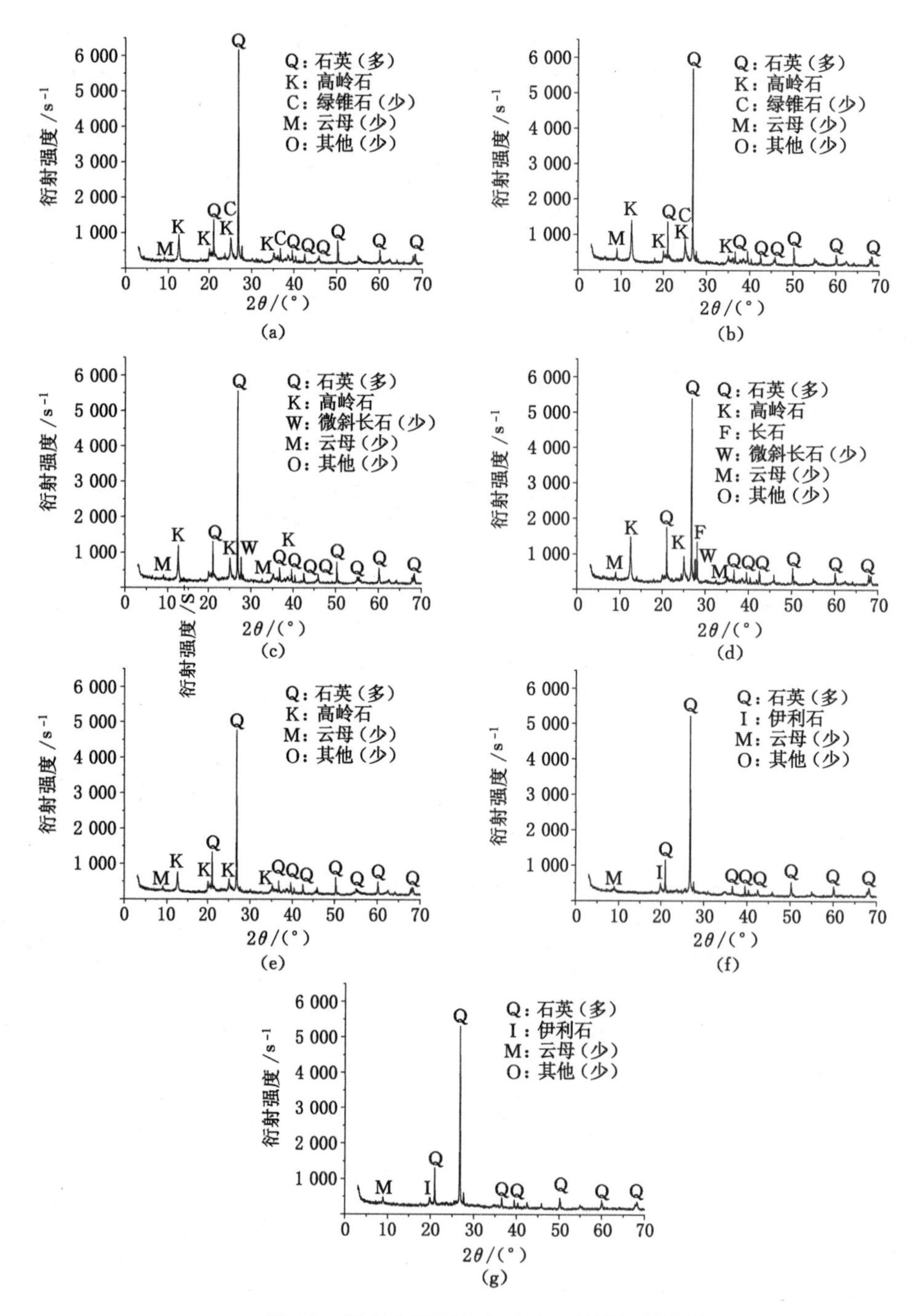

图 4-2 泥岩在不同温度下的 X 射线衍射图谱

(a) 泥岩 20 ℃时的 X 射线衍射图谱；(b) 泥岩 100 ℃时的 X 射线衍射图谱；(c) 泥岩 200 ℃时的 X 射线衍射图谱；(d) 泥岩 400 ℃时的 X 射线衍射图谱；(e) 泥岩 600 ℃时的 X 射线衍射图谱；(f) 泥岩 700 ℃时的 X 射线衍射图谱；(g) 泥岩 800 ℃时的 X 射线衍射图谱

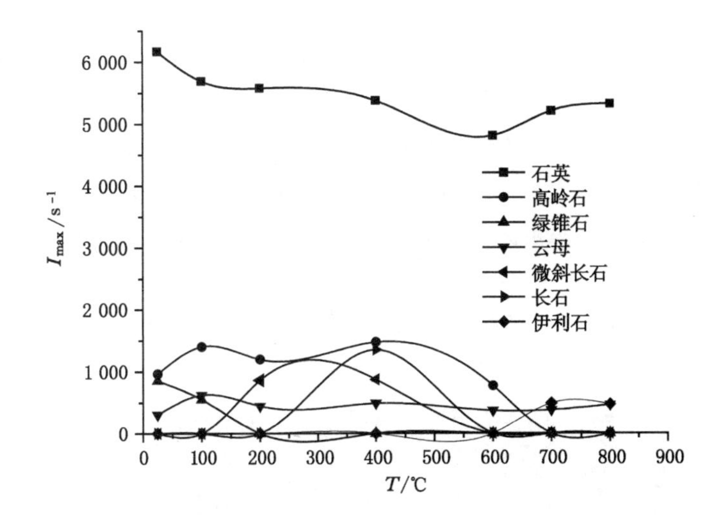

图 4-3 泥岩主要成分的最大衍射值随温度的变化曲线

$$1\ 000\ ℃ \rightleftharpoons \alpha—石英 \rightleftharpoons \alpha—方石英+15\%$$

上述数据说明石英颗粒随着温度升高会发生同质多象变体，而其体积也会因此发生膨胀变化。由宏观力学试验推测，本次试验样品中石英在 400 ℃左右体积出现较大膨胀，由于泥岩在常温至 400 ℃的温度区间内峰值应力及弹性模量均在逐渐增大，可以认为是石英体积增大膨胀使原生裂纹闭合导致。

② 常温至 800 ℃温度范围内，高岭石衍射强度的变化具有一定的波动性，大体上呈先上升后下降的规律。在宏观力学实验中，泥岩在常温至 800 ℃的温度区间内力学性质变化规律也具有类似的波动性，可以认为高岭石衍射强度的波动性导致了泥岩在常温至 800 ℃之间力学性质的波动性。高岭石的最大衍射强度由常温的 963 s^{-1} 增加到 100 ℃的 1 403 s^{-1}，上升了约 45.69%，随后又降至 200 ℃的 1 197 s^{-1}，此后又上升到 400 ℃的 1 476 s^{-1}，温度继续升高到 600 ℃时，最大衍射强度又急剧下降到 769 s^{-1}，较 400 ℃时下降了约 47.90%。600 ℃时，岩样主要成分高岭石的衍射强度急剧降低，说明在 600 ℃左右高岭石脱失结构水并开始分解，生成偏高岭石，反应式见式(2-2)。

偏高岭石是接近高岭石晶体结构的矿物，可归为半晶质矿物，因此在 X 射线衍射图谱中可残留高岭石谱线。这也是导致泥岩在超过 600 ℃后力学性质下降的主要原因，泥岩在 600 ℃后力学性质的突变是由结构整体发生相转变引起的。

③ 当温度达到 600 ℃时，除结晶状态变差外，高岭石消失，出现少量伊利石。伊利石是云母族矿物向蒙脱石族矿物转变的过渡型产物。

4.1.4 泥岩组分结构对其力学性能的影响

研究结果表明，岩样组分改变以及结晶态相变是导致高温下岩石力学性质突变的重要原因。从图 4-4 泥岩宏观破裂形式可以看出，随着温度的升高，泥岩破裂的程度加大，各向异性明显。其联系主要从矿物成分变化，矿物组合特征和温度对于微裂隙的影响来考虑。在 200 ℃以下，矿物成分稳定，分布较为均匀，主要为石英和高岭石，泥岩的破碎形式会沿着主要的软弱结构面破裂，主要为定向的晶间孔隙。在 400～600 ℃时，伴随着长石族矿物的出现和消失以及高岭石脱水作用的发生，矿物成分发生变化，均一性变差，孔隙的定向性变差，破裂时会沿着主软弱结构面和局部的软弱结构面破裂。在 600～800 ℃时，高岭石转化为伊利石，矿物成分趋于稳定，由于脱水作用和高岭石—伊利石转化，形成平行的定向的多组软弱结构面，破裂主要沿此发生，部分破裂沿局部软弱结构面发生。

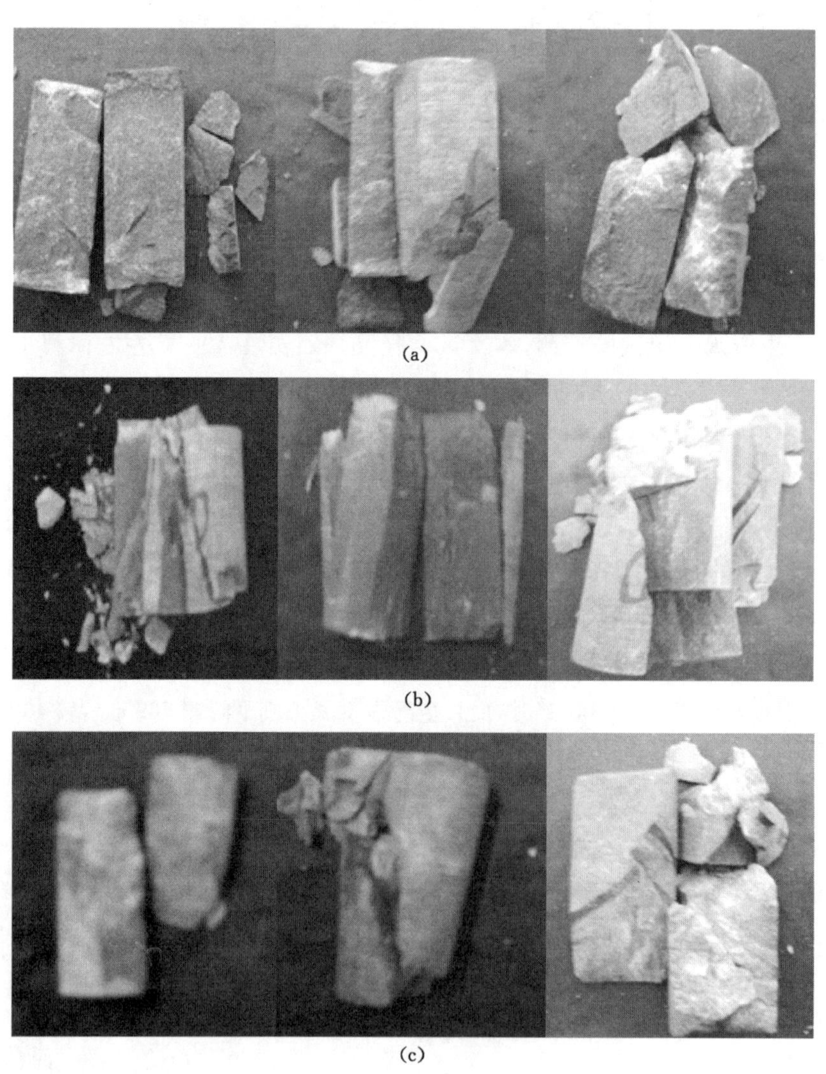

(a)

(b)

(c)

图 4-4　泥岩宏观破裂图片

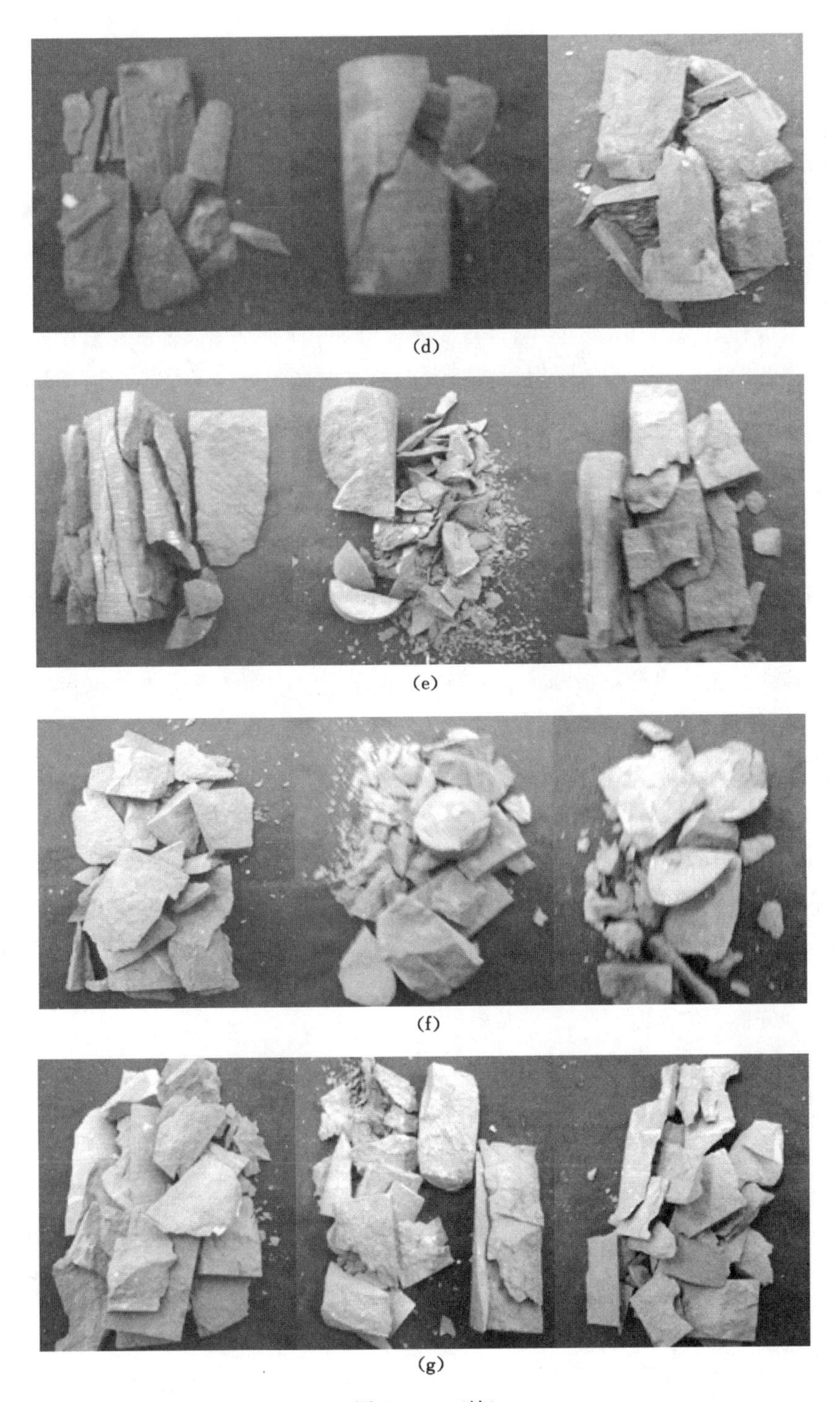

图 4-4 （续）

(a) 25 ℃;(b) 100 ℃;(c) 200 ℃;(d) 400 ℃;(e) 600 ℃;(f) 700 ℃;(g) 800 ℃

4.2 温度作用下泥岩试样断口形貌的微观特征分析

岩石微观形貌分析是岩石微结构研究的一部分。破断岩块断口的微观形貌，在一定程度上反映了岩石损伤演化过程中结构破坏特征。尽管岩石不同，断裂方式不一样，但从断裂力学的观点看，断裂过程总存在着裂纹生核及缓慢生长、裂纹快速扩展和瞬时断裂 3 个阶段，而且各阶段都在断口上留下许多变形痕迹。温度对岩石力学性质的影响与岩石矿物性质和内部结构有关，温度变化会影响岩石矿物成分和岩石的晶格，岩石在温度作用下其损伤破坏机理和常温下有较大的区别。本节利用扫描电镜测量技术(SEM)对泥岩在不同温度作用下断口的微观破坏形貌特征进行分析，研究其试样破裂的微观机制。

4.2.1 岩样断口形貌微观特征的测定原理与方法

4.2.1.1 *扫描电子显微镜结构及测试原理*

扫描电子显微镜主要由电子束系统、扫描系统、信号测试放大系统、图像显示记录系统、真空系统等部分组成，如图 4-5 所示。电子束系统由电子枪和电磁透镜两部分组成，主要用于产生一束能量分布极窄的、一定能量的电子束。真空系统主要包括真空泵和真空柱两部分。

扫描电子显微镜(SEM)测试原理是用聚焦电子束在试样表面逐点扫描成像，如图 4-6所示。成像信号可以是二次电子、背散射电子或吸收电子，其中二次电子是最主要的成像信号。由电子枪发射的电子，以其交叉斑作为电子源，经二级聚光镜及物镜的缩小形成具有一定能量、一定束流强度和束斑直径的微细电子束，在扫描线圈驱动下，在试样表面按一定时间、空间顺序作栅网式扫描。聚焦电子束与试样相互作用，产生二次电子发射以及背散射电子等物理信号，二次电子发射量随试样表面形貌而变化。二次电子

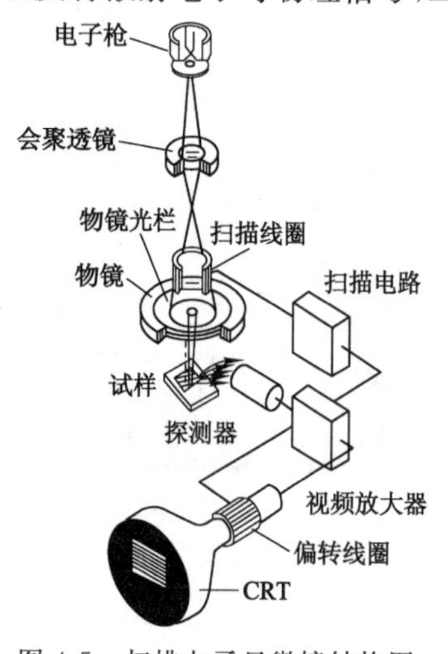

图 4-5 扫描电子显微镜结构图

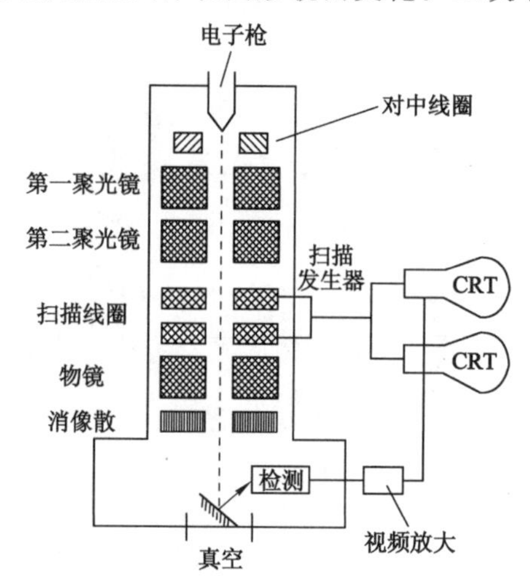

图 4-6 扫描电子显微镜原理示意图

信号被探测器收集转换成电讯号，经视频放大后输入到显像管栅极，调制与入射电子束同步扫描的显像管亮度，得到反映试样表面形貌的二次电子像。

4.2.1.2　试验设备

本节采用 FEI QuantaTM250 扫描电子显微镜（SEM），如图 4-7 所示，其主要技术指标为：

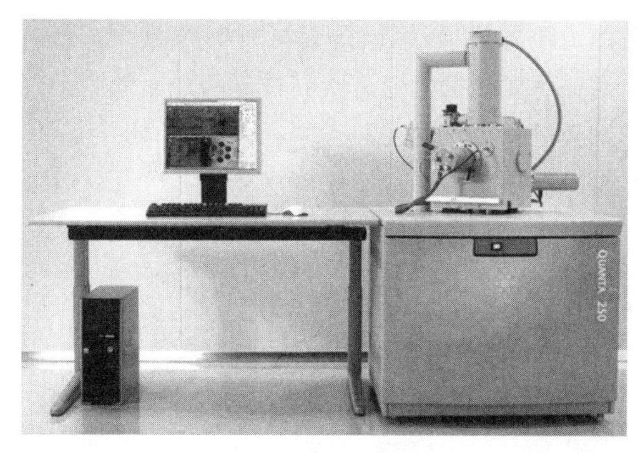

图 4-7　FEI QuantaTM250 扫描电子显微镜

① 高真空模式分辨率：≤3.0 nm @30 kV(SE)，≤4.0 nm @30 kV(BSE)，≤8.0 nm @3 kV(SE)；

② 低真空模式分辨率：≤3.0 nm @30 kV(SE)，≤4.0 nm @30 kV(BSE)，≤10.0 nm @3 kV(SE)；

③ 环境真空模式分辨率：≤3.5 nm @30 kV(SE)，放大倍数为 6 倍～100 万倍，加速电压为 0.2～30 kV。

主要附件配置：

① 能量色散谱仪：元素探测范围 Be(4)～Am(95)；

② 电制冷冷台系统：−20～60 ℃；

③ 热台系统：最高温度 1 500 ℃。

4.2.1.3　试样制备

本次试验试样取之泥岩高温作用下单轴压缩试验后的破坏岩样，分别选择常温(20 ℃)、200 ℃、400 ℃、600 ℃、800 ℃五个温度水平及 3×10^{-3} mm/s、3×10^{-2} mm/s、3×10^{-1} mm/s、3 mm/s 四个加载速率作用下的破坏岩样，共计制备试样 20 块。具体制样过程如下：

① 从破坏岩样中，选择断口表面起伏不大、表面未受污染的断面作为观察面。

② 利用钳子和砂纸将小岩块制成直径约 10 mm 的近似扁平圆柱状，用砂纸将小岩块下表面磨平整，使小岩柱高约 3～5 mm。制作过程中，不得污染试样上表面、不得损伤试样。

③ 利用乳胶将试样下表面和试样台黏结在一起，并对试样进行排列编号。

④ 利用洗耳球清洁试样表面，吹掉试样表面由于制作加工等原因产生的细微颗粒与灰尘，然后干燥 12 h。

⑤ 将干燥后的试样放置在镀金盘上，使用镀膜仪对试样表面镀金膜，增加其导电和导热性能。

4.2.1.4　试验步骤

通过对断口形貌的观察与分析，可以研究材料的断裂方式与断裂机理，这是判别材料断裂性质和断裂原因的重要依据。通过对断口形貌的观察，可以直接观察材料的断裂源、各种缺陷、气孔特征及分布、微裂纹的形态与分布等。本次试验主要对岩样断口进行微裂纹系统形态、微结构形态进行观测，分别对常温(20 ℃)、200 ℃、400 ℃、600 ℃、800 ℃五个温度水平及 3×10^{-3} mm/s、3×10^{-2} mm/s、3×10^{-1} mm/s、3 mm/s 四个加载速率作用下岩样进行断口扫描试验，具体试验步骤如下：

① 接通电源，打开冷却水，打开主机控制计算机。

② 样品室放气，打开样品室，将试样固定在载物台上，一组七块试样。

③ 放好试样后，抽真空至 10^{-4} Pa。

④ 加高压至 20 kV。

⑤ 先低倍率后高倍率观察试样表面微观形貌，并做观察记录。选择感兴趣的区域，调节聚焦旋钮至图像清晰，调节完对比度、亮度后，进行扫描，同时锁定扫描图像。

⑥ 扫描完成后保存图像，并进行下一区域的观察与扫描。

⑦ 完成一块试样扫描后，旋转载物台进行下一试样的观察与扫描。一组试验完成后，更换试样进行下一组试验。

⑧ 试验完成后，导出扫描图像，关机。

4.2.2　温度作用下泥岩断口形貌的微观特征

① 常温作用下，泥岩断口表面平整度差，泥岩内部微孔隙发育[图 4-8(a)]，形状不规则，微孔隙大小分布不均匀，较大孔隙半径约 80 μm，且在孔隙尖角处出现微裂隙。泥岩矿物颗粒有块状、片状，颗粒磨圆度较好，有的颗粒甚至完全磨圆呈浑圆状[图 4-8(c)]。组成岩石的矿物颗粒主要以面面接触为主，微小碎屑矿物颗粒重填在大颗粒之间，起胶结作用，颗粒尺寸从几个微米到几百个微米不等。局部矿物颗粒呈线线接触或点线接触，且粒间空隙明显。微裂纹不发育，主要为沿晶裂纹[图 4-8(e)]，宽度约 0.5～1 μm。粒间重填物主要为片状黏土矿物颗粒，呈杂散堆积状[图 4-8(f)]。

② 200 ℃下泥岩断口微观结构具有如下特征：a. 受热膨胀作用，200 ℃下泥岩结构紧密，孔隙、裂纹不发育，试验中很难找到较大的孔隙。原生裂纹受热膨胀变形，开度减小甚至闭合，矿物颗粒间接触状态良好。b. 断口表面凹凸不平，在断口表面可以见到各种形状不一的凹坑[图 4-9(b)]。c. 微裂纹不发育，主要为沿晶裂纹，微裂纹沿着颗粒边缘扩展，裂纹边缘较为粗糙，呈树枝状。d. 矿物颗粒表面发现了不同深度和不同大小的气孔[图 4-9(e)]，

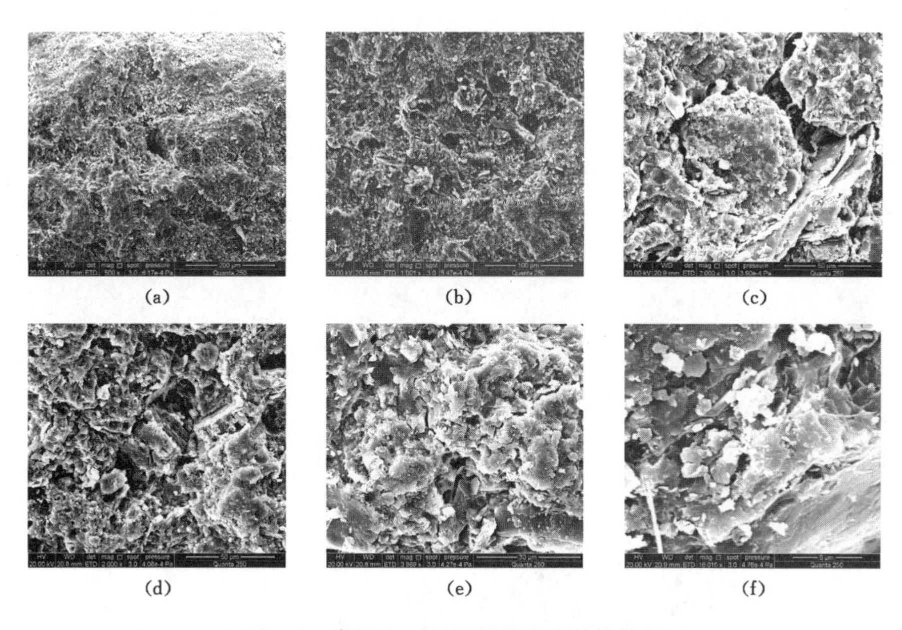

图 4-8 常温(20 ℃)下泥岩微观结构特征

气孔一般呈圆形,部分为椭圆形或扁圆形,说明泥岩中含有的碳(C)、硫(S)以及有机质等,在一定的温度作用下发生热氧化分解,产生气体从泥岩内部逸出,使泥岩内部产生空隙。e. 矿物颗粒表面发现了不同深度不同大小的平行擦痕[图 4-9(f)]。擦痕是尖锐、粗糙的颗粒之间在承受较大的应力作用下,相对滑移发生摩擦而形成的,在擦痕面上可以明显见到一端丁字形的切入头,然后随着擦痕的延伸越来越浅,越来越窄。

图 4-9 200 ℃下泥岩微观结构特征

③ 400 ℃下泥岩断口微观结构具有如下特征：a. 泥岩结构紧密，孔隙、裂纹不发育，多呈闭合状[图 4-10(b)]。矿物颗粒间接触紧密。b. 断口表面凹凸平整，局部出现台阶状颗粒断面。c. 微裂纹不发育，主要为沿晶裂纹，微裂纹沿着颗粒边缘扩展，裂纹间隙狭小甚至闭合。出现穿晶裂纹[图 4-10(d)]，且裂纹呈闭合状。d. 片状层理结构明显。e. 晶粒生长充填粒间缝隙[图 4-10(e)]，空隙和晶界减小，矿物颗粒间结合更加紧密。

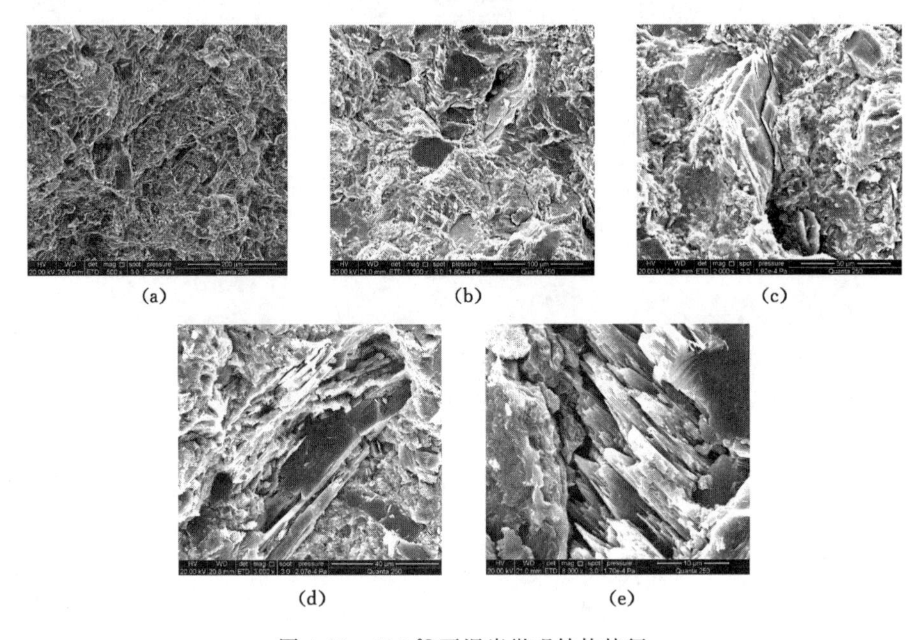

图 4-10　400 ℃下泥岩微观结构特征

④ 600 ℃下泥岩断口微观结构具有如下特征：a. 泥岩结构紧密，断口表面平整，可以清楚地看到泥岩的片状结构[图 4-11(a)]，基本为形状较为规则的对变形薄片状结构，出现一定数量的片状剥落现象，在高倍放大图像下可以发现在矿物表面出现较多的孢子状结构[图 4-11(d)]。局部区域发现孔隙群[图 4-11(c)]，孔隙尺寸在 1～5 μm 范围内，这可能由于局部矿物中富含的碳(C)、硫(S)以及有机质等氧化挥发所致。b. 微裂纹较发育，连通性较好且具有一定的方向性[图 4-11(b)、(d)]。岩石矿物颗粒间的粒间裂纹明显，多呈锯齿状，属张拉性裂纹。这些粒间裂纹多数起源于矿物颗粒之间的接触处，特别是在矿物颗粒几何形状急剧变化的位置，粒间裂纹的宽度大约为 2～3 μm，在高温作用下，岩石矿物颗粒内部出现了一定数量的裂纹，这些裂纹有的终止在颗粒内部形成晶内裂纹，有的贯穿整个矿物颗粒形成穿晶裂纹。晶内裂纹与穿晶裂纹的平面平整、光滑。c. 矿物颗粒层理发育，呈平行片状或扭曲平行片状。

⑤ 800 ℃下泥岩断口微观结构具有如下特征：a. 泥岩结构紧密，断口表面较平整，可以清楚地看到泥岩的片状结构，基本为形状较为规则的对变形薄片状结构，出现一定数量的片状剥落现象。b. 微裂纹发育，沿晶裂纹、晶内裂纹及穿晶裂纹大量存在，形成一个

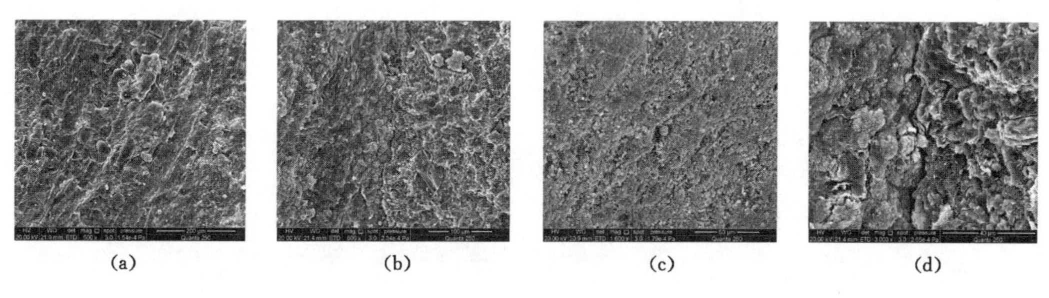

(a) (b) (c) (d)

图 4-11 600 ℃下泥岩微观结构特征

庞大的裂纹联通网络结构[图 4-12(c)]。与低温状态下相比,其裂纹密度明显增加。

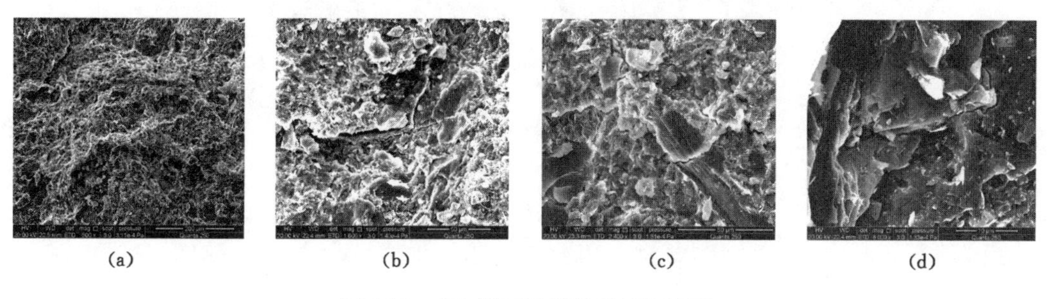

(a) (b) (c) (d)

图 4-12 800 ℃下泥岩微观结构特征

图 4-13 给出了不同温度作用下泥岩断面的微观结构图像,总结不同高温作用下泥岩断口扫描电子显微镜(SEM)扫描图像及微观结构数值化图像,可以发现如下变化特征:① 随着温度的升高,孔隙数量不断减少,原生孔隙受热收缩。② 在 200～400 ℃高温作用下,微裂纹不发育,主要为沿晶裂纹且具有较好的闭合性。在 600～800 ℃高温作用下,微裂纹发育,特别在 800 ℃高温作用下,沿晶裂纹、晶内裂纹及穿晶裂纹大量存在,形成一个庞大的裂纹联通网络结构。③ 当温度大于 200 ℃时,岩石矿物颗粒开始有大小不等的气孔出现。④ 在常温状态下,泥岩微观缺陷主要为微孔隙,且分布不均匀。在 200～400 ℃高温作用下,微缺陷减少,以闭合的微裂纹为主,分布较均匀。在 600～800 ℃高温作用下,存在大量的微裂纹缺陷,且裂纹方向具有一定的一致性。

4.2.3 泥岩断口微观特征与宏观破裂现象的关系分析

岩石的单轴压缩破坏形态复杂多变,一般认为,岩样的最终破坏形态多以近似平行于轴向的劈裂破坏为主。图 4-4 给出了高温作用下泥岩单轴压缩试验中岩样的破坏形态图片。泥岩试样在不同温度作用下,其外观色泽发生很明显的变化。泥岩试样常温下为灰色,当温度升高到 400 ℃时,试样颜色变为棕色,当继续升高温度至 600～800 ℃时,泥岩试样变为棕红色。

通过对不同温度下泥岩单轴压缩破坏形态的仔细观察,可以将不同温度下泥岩的破坏形态归纳为如图 4-14 及图 4-15 所示的 3 种。

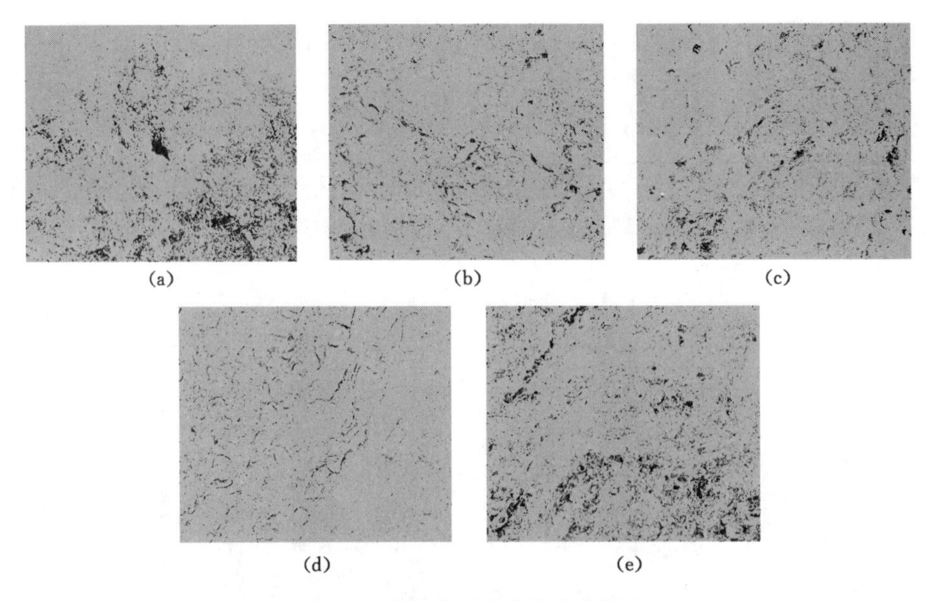

图 4-13　泥岩微观结构数值化图像

(a) 25 ℃;(b) 200 ℃;(c) 400 ℃;(d) 600 ℃;(e) 800 ℃

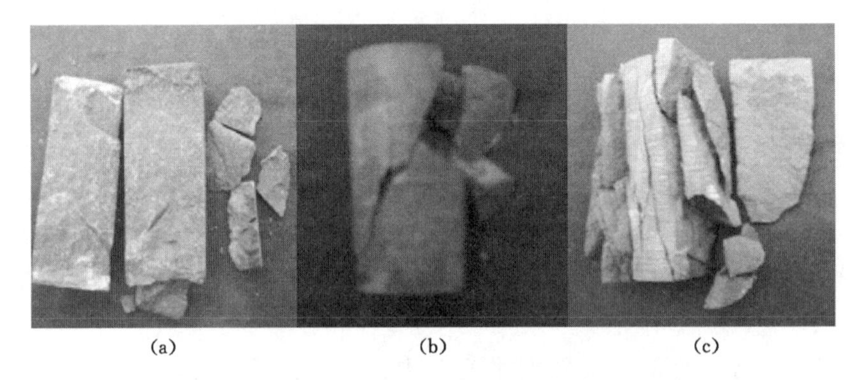

图 4-14　高温作用下泥岩单轴压缩的基本破坏形式

(a) $T\leqslant 100$ ℃;(b) 200 ℃$\leqslant T\leqslant$400 ℃;(c) 600 ℃$\leqslant T\leqslant$800 ℃

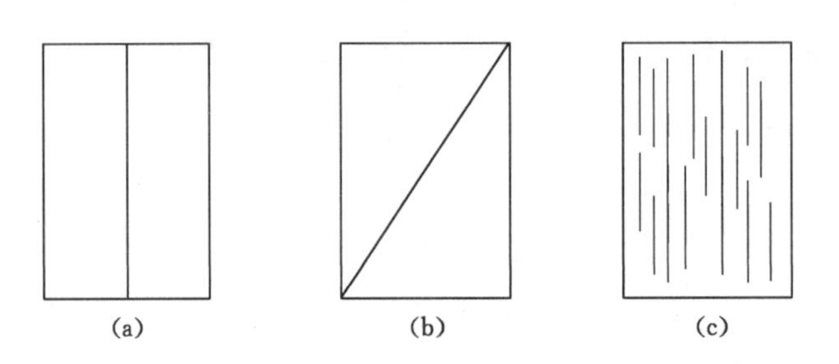

图 4-15　高温作用下泥岩单轴压缩的基本破坏形式简图

(a) $T\leqslant 100$ ℃;(b) 200 ℃$\leqslant T\leqslant$400 ℃;(c) 600 ℃$\leqslant T\leqslant$800 ℃

① 温度在 25～100 ℃区间，岩样破坏方式为形成一个或几个竖向劈裂面实现对岩样的贯穿；

② 温度在 200～400 ℃区间，岩样破坏方式为形成一个宏观剪切滑移裂纹实现对岩样的贯穿；

③ 温度在 600～800 ℃区间，岩样破坏方式为沿轴向存在相当多的劈裂面实现对岩样的贯穿。

本书认为不同温度下泥岩试样破坏形态的差异主要是由于微裂纹二次扩展的不同造成的。当轴压达到试样峰值应力时，岩石内部微裂纹沿着个别方向(通常为平行于最大主应力方向)将穿越晶界约束发生二次扩展，在增加应变的情况下，二次扩展裂纹随着裂纹尺寸的增加而进一步扩展。另外，裂纹的扩展又会导致应力下降，使没有发生扩展的微裂纹发生弹性卸载变形，试样由连续损伤向损伤局部化发展。同时，由于未发生扩展的微裂纹发生弹性卸载变形，原来由所有裂纹共同承担的非弹性变形只由二次扩展裂纹实现，造成了岩石变形的应变局部化。

对于温度在 25～100 ℃的泥岩试样，当轴压达到试样峰值应力时，微裂纹沿着平行于轴力的方向发生二次扩展，形成贯穿岩样的竖向劈裂裂纹。

对于温度在 200～400 ℃区间的泥岩试样，受热膨胀、烧结作用的影响，泥岩内部微裂纹及微空隙量减少，岩石的均质性得到很好的提高。其破坏面将沿着承载能力最小的截面，即 Mohr-Coulomb 准则预测的方向，形成一个宏观剪切滑移裂纹实现对岩样的贯穿。

对于温度在 600～800 ℃区间的泥岩试样，由于高温作用使得岩石内部出现较多的微裂纹与微空隙，特别是在二次扩展裂纹尖端处，密集微裂纹与微空隙对二次扩展裂纹的继续扩展起到屏蔽作用(图 4-16)。受微裂纹与微空隙的屏蔽作用影响，二次扩展裂纹扩展到一定程度后停止扩展，未完成的非弹性应变不得不由其他微裂纹二次扩展来完成，这样岩石内部应变局部化的程度减弱了，也就是说发生二次扩展的微裂纹数增加了，最终形成众多劈裂面实现对岩样的贯穿。

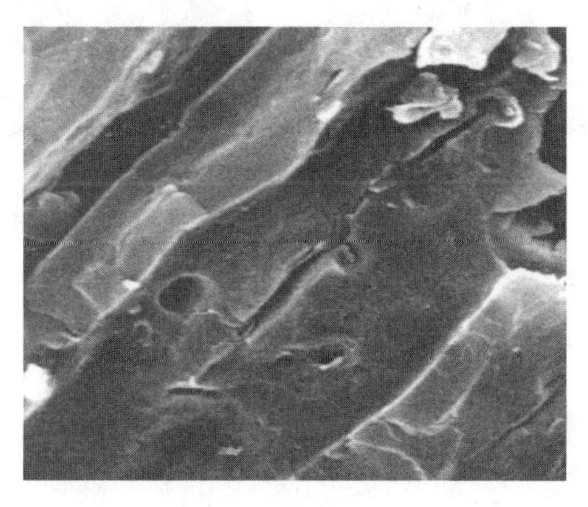

图 4-16　微缺陷的屏蔽作用

4.3 加载速率对泥岩断口形貌微观特征的影响

加载速率对岩石力学性质的影响与岩石内部结构有关，岩石在不同加载速率作用下其损伤破坏机理有较大的区别。本节利用扫描电镜测量技术对泥岩在不同加载速率作用下断口的微观破坏形貌特征进行分析，研究其破裂的微观机制。

4.3.1 不同加载速率下泥岩断口形貌的微观特征

图 4-17～图 4-19 分别给出了常温、400 ℃及 800 ℃高温作用下不同加载速率作用后泥岩试样断口微观结构特征图。可以发现不同应变率作用下造成的断口形貌存在着明显的差异。为了便于表述，认为当加载速率 $v\geqslant 0.03$ mm/s 时为高应变率加载，当加载速率 $v<0.03$ mm/s 时为低应变率加载。可以发现：

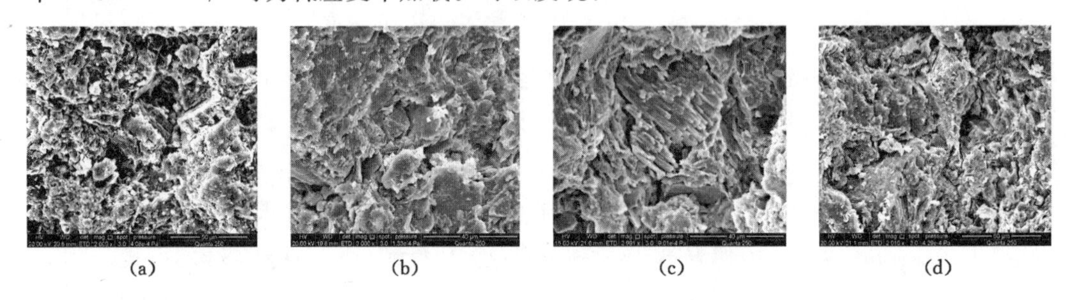

(a)　(b)　(c)　(d)

图 4-17　常温状态下泥岩微观结构特征

(a) $v=0.003$ mm/s；(b) $v=0.03$ mm/s；(c) $v=0.3$ mm/s；(d) $v=3$ mm/s

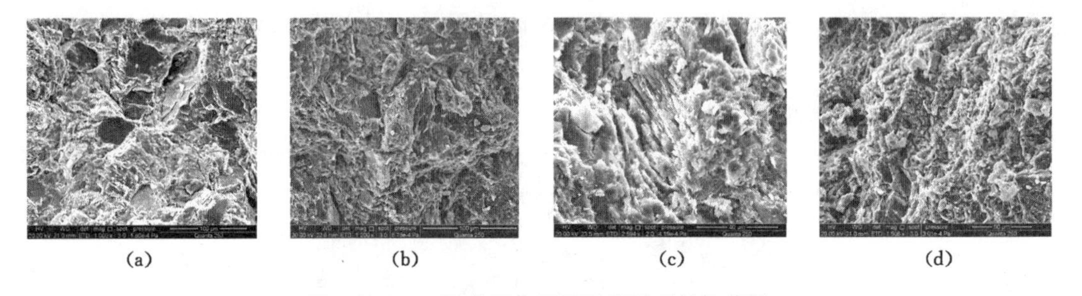

(a)　(b)　(c)　(d)

图 4-18　400 ℃高温作用下泥岩微观结构特征

(a) $v=0.003$ mm/s；(b) $v=0.03$mm/s；(c) $v=0.3$ mm/s；(d) $v=3$ mm/s

① 高应变率加载条件下断口整体上平整，而细部较粗糙，台阶状断裂花样较多。低应变率加载条件下断口整体上起伏较大，而细部较平坦，台阶状断裂花样少。

② 与低应变率加载相比，高应变率加载条件下，断口微裂纹数明显增多，特别是穿晶裂纹数增加显著。从能量释放的角度，加载速率越大，单位时间内对试样输入的能量就越高，需要通过高耗能的破坏模式来释放过多的能量。

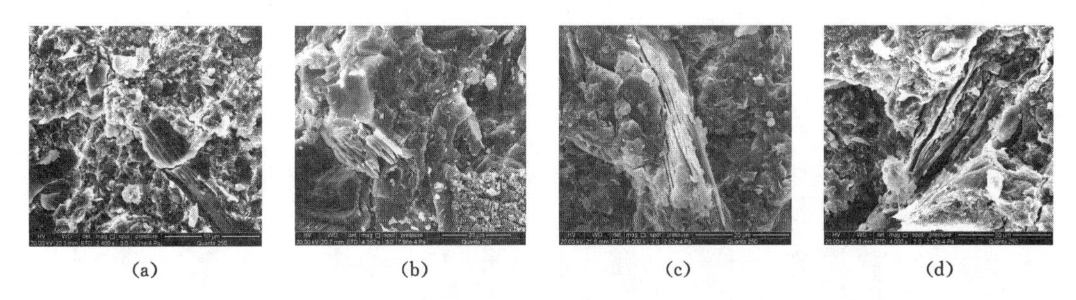

图 4-19 800 ℃高温作用下泥岩微观结构特征

(a) $v=0.003$ mm/s;(b) $v=0.03$ mm/s;(c) $v=0.3$ mm/s;(d) $v=3$ mm/s

③ 800 ℃高温作用下，当加载速率为 0.003 mm/s、0.03 mm/s 时，呈现有较多的矿物节理破坏[图 4-19(a)、(b)]。

4.3.2 加载速率对泥岩微观和宏观破坏特征的影响

图 4-20～图 4-22 分别给出了常温、400 ℃及 800 ℃高温作用下不同加载速率作用后泥岩试样宏观破坏形态图。可以看出：

图 4-20 常温状态下泥岩宏观破坏形态

(a) $v=0.003$ mm/s;(b) $v=0.03$ mm/s;(c) $v=0.3$ mm/s;(d) $v=3$ mm/s

图 4-21 400 ℃高温作用下泥岩宏观破坏形态

(a) $v=0.003$ mm/s;(b) $v=0.03$ mm/s;(c) $v=0.3$ mm/s;(d) $v=3$ mm/s

(a)

(b)

(c)

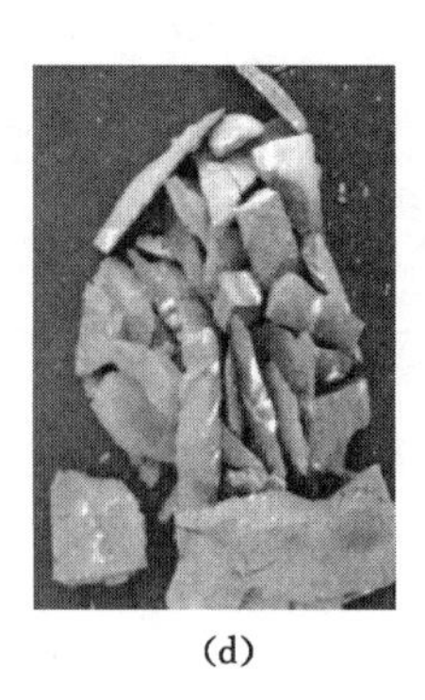
(d)

图 4-22　800 ℃高温作用下泥岩宏观破坏形态

(a) v=0.003 mm/s;(b) v=0.03 mm/s;(c) v=0.3 mm/s;(d) v=3 mm/s

① 与低应变率加载相比,高应变率加载条件下,泥岩试样较破碎。随着加载速率的增大,碎块数量增多,当加载速率较大时会出现屑末状。

② 常温及 400 ℃温度作用下的泥岩试样,在高应变率加载条件下,破坏方式多为锥形破坏。

4.4 本章小结

① 通过 X 射线衍射实验,对泥岩经不同温度加热处理产物的物相特征进行了较系统的研究。研究发现,泥岩中高岭石衍射强度的波动性导致了岩样力学性质的波动性,600 ℃左右结构整体发生相转变导致了岩样力学性质的突变;温度达到 600 ℃,结晶状态变差,高岭石消失,出现少量伊利石,结构发生了化学反应,岩样承载能力急剧下降。

② 在 400 ℃之前,泥岩断口表面平整度差,微裂纹不发育,主要为沿晶裂纹。原生裂纹受热膨胀变形,开度减小甚至闭合;温度达到 400 ℃时,断口表面变的凹凸平整,微裂纹不发育,出现穿晶裂纹,裂纹呈闭合状;当温度超过 400 ℃后,微裂纹较发育,连通性较好且具有一定的方向性。晶内裂纹与穿晶裂纹的平面平整、光滑。尤其 800 ℃时,沿晶裂纹、晶内裂纹及穿晶裂纹大量存在,形成一个庞大的裂纹联通网络结构。与低温状态下相比,其裂纹密度明显增加。

③ 对于温度在常温至 100 ℃的泥岩试样,当轴压达到试样峰值应力时,微裂纹沿着平行于轴力的方向发生二次扩展,形成贯穿岩样的竖向劈裂裂纹;温度在 200～400 ℃区间的岩样,受热膨胀、烧结作用的影响,其破坏面沿着承载能力最小的截面,形成一个宏观剪切滑移裂纹实现对岩样的贯穿;在 600～800 ℃温度区间的岩样,受微裂纹与微空隙的屏蔽作用影响,发生二次扩展的微裂纹数增加,最终形成众多劈裂面实现对岩样的贯穿。

④ 低应变率加载条件下断口整体起伏较大，细部较平坦，台阶状断裂花样少。随着加载速率的增加，泥岩断口整体较平整，而细部变粗糙，台阶状断裂花样增多；随着加载速率的增大，断口微裂纹数明显增多，特别是穿晶裂纹数增加显著；800 ℃高温作用下，加载速率为 0.003 mm/s、0.03 mm/s 时泥岩表现出较多的矿物节理破坏。

⑤ 随着加载速率的增大，泥岩碎块数量增多，加载速率较大时泥岩出现屑末状；常温及 400 ℃温度作用下的泥岩试样，在高应变率加载条件下，破坏方式多为锥形破坏。

5 高温作用下泥岩的损伤演化及本构方程

5.1 损伤力学基础

所谓损伤，是指材料在外部因素（力、温度、辐射、腐蚀等）的作用下，材料内部形成大量的微观缺陷，这些微观缺陷的成核、扩展、汇聚引起材料性能的劣化过程。材料的损伤是材料内部结构演化、并伴随能量转换的不可逆过程。常见的损伤结构有如下几种基本形式[136]：

① 银纹——经历一维伸长型相变变形后的网络状损伤体；

② 空洞群；

③ 弥散分布的微裂纹；

④ 枝杈状微裂纹；

⑤ 微裂纹区——剪切带网络；

⑥ 相变区；

⑦ 剪切带内空洞密集区；

⑧ 剪切带网络贯穿空洞群。

损伤力学概念起源于1958年卡钦诺夫研究蠕变断裂时提出的“连续性因子”与有效应力的概念。损伤力学正是研究材料内部微观缺陷的产生、扩展、汇聚所产生的力学效应，宏观裂纹的出现被认为是损伤变量达到其极值的结果。损伤力学以连续介质力学与热力学为理论基础，将材料缺陷演化结合到材料的力学性能上。材料的损伤与断裂反映了材料变形破坏的物理全过程。材料的损伤破坏过程大致可分为如下两类：

① 脆性损伤破坏过程　微裂隙形成、扩展、汇合形成宏观主干裂隙。

② 韧性损伤破坏过程　微空洞形核、长大及空洞群片状汇合。

作为破坏力学的一部分，损伤力学的应用范围主要是材料介质内部可看作连续分布的微小缺陷。由于岩石是含有微裂隙、微孔洞等初始缺陷的天然材料，因此利用损伤理论来研究岩石等含有初始缺陷的材料已被认为是最有效的研究方法。

5.1.1 损伤变量的定义

从本质上讲，材料内部的微裂纹、微空隙是离散分布的，但作为一种简单的近似，我们用一个或多个内变量来模拟材料内部复杂的、离散的逐渐劣化过程，这样在连续损伤力学中，材料中所有的微缺陷被连续化了。这个内变量就是损伤变量 D，损伤变量的定义直接体现了损伤机理。如果不能对损伤变量进行合理的定义，就无法得到损伤演化方程和含损伤的本构方程。利用损伤理论来研究岩石等材料在载荷作用下响应问题的关键就是如何定义材料的损伤变量。

损伤变量最初由卡钦诺夫和拉博诺夫等人引入，考虑一维均匀受拉的直杆，认为材料内部微缺陷导致有效承载面积的减小是材料性能劣化的主要机制。设材料无损状态下的横截面面积为 A，损伤状态下材料的有效承载面积为 A_{eff}，定义连续度 φ 为直杆有效承载面积与无损状态下横截面面积的比值，即：

$$\varphi=\frac{A_{eff}}{A} \tag{5-1}$$

通过引入一个无量纲的标量场变量 φ 来表征材料的受损状态，$\varphi=1$ 对应完全没有缺陷的理想材料状态，$\varphi=0$ 对应于材料没有任何承载能力的完全破坏状态。当材料受到外载荷 F 作用后，定义有效应力 σ_{eff} 为：

$$\sigma_{eff}=\frac{F}{A_{eff}}=\frac{F}{\varphi A}=\frac{\sigma}{\varphi} \tag{5-2}$$

式中，σ 称为名义应力。

1963 年，拉博诺夫研究金属材料的蠕变性质时，引入了损伤因子(损伤变量)的概念，即：

$$D=1-\varphi=\frac{A-A_{eff}}{A} \tag{5-3}$$

通过损伤变量来描述材料的受损状态，$D=0$ 对应完全没有缺陷的理想材料状态，$D=1$ 对应于材料没有任何承载能力的完全破坏状态。有效应力表示为：

$$\sigma_{eff}=\frac{\sigma}{1-D} \tag{5-4}$$

考虑到加载过程中，材料的损伤是可以叠加的，布罗伯格将损伤变量定义为：

$$D=\ln\frac{A}{A_{eff}} \tag{5-5}$$

材料损伤是引起材料内部微结构和某些宏观物理性能变化的原因。对于损伤变量可以有各种定义，可以从微观和宏观两方面选择度量损伤的基准：① 损伤的微观量度，即孔隙的数目、长度、面积和体积，孔隙的形状、配列和由取向所决定的有效面积。② 损伤的宏观量度，即弹性常数、屈服应力、拉伸强度、延伸率和不可恢复体积变形、密度、电阻、声速及声发射。

5.1.2 损伤力学的研究方法

在实际情况中，材料存在初始损伤，随着外载荷的增加或者环境的作用，材料从开始变形到最终破坏是一个逐渐劣化的过程，是损伤积累由量变直至破坏的过程。对于含有非连续分布缺陷的变形固体，损伤力学的主要目的就是研究材料这种非连续性、非均质性的演化规律，同时采用平均化的方法使之便于力学上的处理。损伤力学的研究，首先要选择合适的表征损伤的状态变量(即损伤变量)，通过实验、热力学及连续介质力学途径，确定含有损伤变量的损伤演化方程及材料损伤本构方程，形成损伤力学的初值问题、边值问题及初边值问题的数学方程，进而利用数学手段求解应力场、变形场及损伤场。损伤力学的研究方法大致分为 3 种。

5.1.2.1 唯象学方法

唯象学方法是以连续介质力学与热力学为基础，从宏观的现象出发，将损伤变量加入材料的本构方程中，模拟材料的宏观的力学行为。该方法注重研究材料损伤的宏观后果，易于应用到实际问题中去。

5.1.2.2 微细观方法

微细观方法，借助透镜、扫描电镜等近现代实验力学方法与手段，从微细观尺度上去研究材料微观结构(微裂纹、微空隙)的形态、配列、数目、长度、面积和体积等变化以及对材料宏观力学性能的影响。微细观方法易于描述材料损伤演化的物理、力学本质。但由于不同材料的损伤过程及微细观机制复杂多样，且各种机制交互并存，所以很难在力学模型上对材料损伤进行力学描述。

5.1.2.3 统计学方法

统计学方法以材料的细观单元强度是服从某一统计分布的假设，认为材料的非均匀性是造成材料力学性能非线性的根本原因。材料损伤初期，微缺陷(微裂纹、微空隙等)是随机分布的，抽象出具有统计意义的损伤场变量，利用细观力学手段研究缺陷个体，利用统计学方法研究材料缺陷整体，建立考虑材料非均匀性及缺陷分布随机性的统计损伤本构关系。

5.1.3 应变等效性假设

对于损伤材料，从细观上对每一个微缺陷形式及损伤机制进行分析以确定材料的有效承载面积是很困难的。为了间接的测定材料的损伤，1971 年，勒梅特提出了等效应变假设。这一假设可以描述为：对于受损材料，在名义应力 σ 作用下，受损状态下的应变等于有效应力 σ_{eff} 作用下无损状态下的应变。即：

$$\frac{\sigma}{E(1-D)}=\frac{\sigma_{eff}}{E} \tag{5-6}$$

式中，E 为弹性模量。

受此启发，可以得到更具普遍意义的广义应变等效原理：任取材料的两种损伤状态，则材料在第一种损伤状态下的有效应力作用于第二种损伤状态引起的应变等于材料第二种损伤状态下的有效应力作用于第一种损伤状态引起的应变，即：

$$\frac{\sigma_{eff}^{1}}{E^{2}}=\frac{\sigma_{eff}^{2}}{E^{1}} \tag{5-7}$$

5.2 岩石的损伤力学模型

岩石、混凝土等脆性或准脆性材料其损伤及变形响应是十分复杂的，它们具有明显的尺寸效应、拉压异性、应力跌落、应变硬（软）化、剪胀效应等，其应力-应变关系一般含有线弹性、非线性强化、应力跌落及应变硬（软）化等。常用的脆性或准脆性材料损伤模型主要有：突然损伤模型、Mazars 模型、Loland 模型、分段线性损伤模型、分段曲线损伤模型等。

5.2.1 突然损伤模型

突然损伤模型将材料的应力-应变曲线分为弹性段及破坏段两个阶段：第一阶段，应力在达到峰值应力之前，应力-应变曲线呈线弹性关系；第二阶段，应力达到峰值应力后，材料在峰值应力作用点处完全破坏，承载能力突然下降为零。对于突然损伤模型，损伤变量 D 只取 0 和 1 两个值，在线弹性段 $D=0$，在破坏段 $D=1$。其应力-应变关系及损伤演化方程分别如式(5-8)及式(5-9)所示。

$$\sigma=\begin{cases}E\varepsilon & 0\leqslant\varepsilon\leqslant\varepsilon_c\\0 & \varepsilon>\varepsilon_c\end{cases} \tag{5-8}$$

$$D=\begin{cases}0 & 0\leqslant\varepsilon\leqslant\varepsilon_c\\1 & \varepsilon>\varepsilon_c\end{cases} \tag{5-9}$$

由突然损伤模型得到的应力-应变曲线及损伤演化曲线如图 5-1 所示。

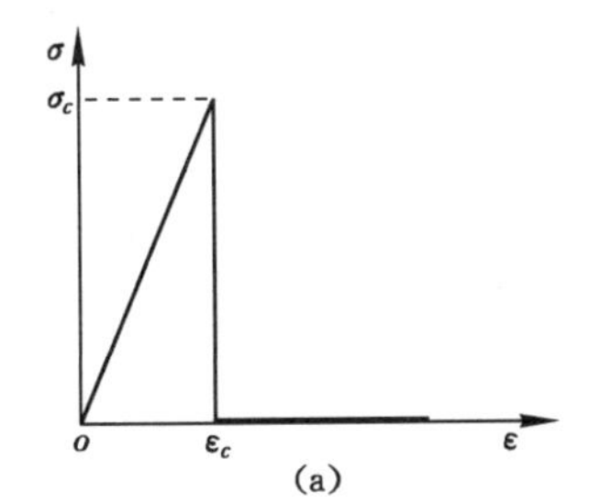

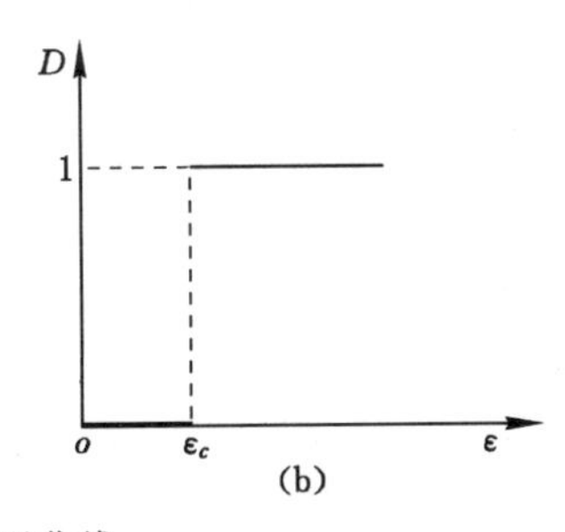

图 5-1　突然损伤模型曲线

(a) 应力-应变曲线；(b) 损伤演化曲线

5.2.2 Mazars 模型

Mazars 模型将材料的应力-应变曲线分成两段来描述，认为在峰值应变 ε_c 前，材料为线弹性关系，材料对应于无损状态 $D=0$；当应变 $\varepsilon>\varepsilon_c$ 时，材料开始产生损伤 $D>0$。以割线模量的变化定义材料的损伤变量 $D=1-\frac{E}{E_0}$，可以得到单向拉伸条件下材料的应力-应变关系及损伤演化方程如式(5-10)及式(5-11)所示。

$$\sigma=\begin{cases}E_0\varepsilon & 0\leqslant\varepsilon\leqslant\varepsilon_c\\ E_0\left[\varepsilon_c(1-A_T)+\dfrac{A_T\varepsilon}{\exp[B_T(\varepsilon-\varepsilon_c)]}\right] & \varepsilon\geqslant\varepsilon_c\end{cases} \tag{5-10}$$

$$D=\begin{cases}0 & 0\leqslant\varepsilon\leqslant\varepsilon_c\\ 1-\dfrac{\varepsilon_c(1-A_T)}{\varepsilon}-\dfrac{A_T}{\exp[B_T(\varepsilon-\varepsilon_c)]} & \varepsilon\geqslant\varepsilon_c\end{cases} \tag{5-11}$$

式中，E_0 为线弹性阶段的弹性模量，A_T 和 B_T 为材料常数。由 Mazars 模型得到的应力-应变曲线及损伤演化曲线如图 5-2 所示。

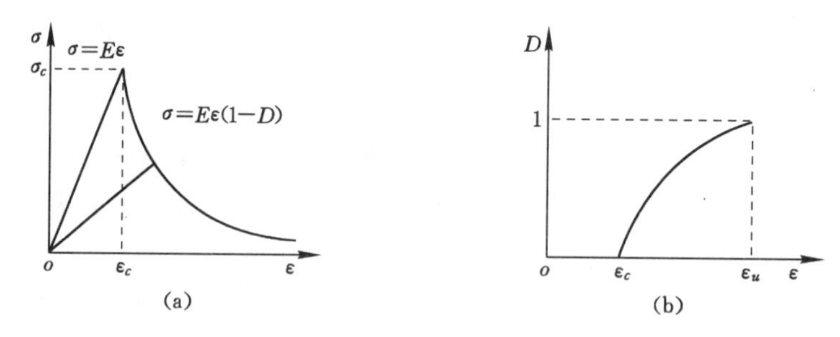

图 5-2　Mazars 模型曲线

(a) 应力-应变曲线；(b) 损伤演化曲线

单向压缩时 Mazars 模型损伤应力-应变关系及损伤演化方程为：

$$\sigma=\begin{cases}E_0\varepsilon & (\varepsilon_e\leqslant\varepsilon_c)\\ E_0\left[\dfrac{\varepsilon_c(1-A_C)}{-\sqrt{2}\nu}+\dfrac{A_C\varepsilon}{\exp[B_C-\sqrt{2}\nu(\varepsilon-\varepsilon_c)]}\right] & (\varepsilon_e>\varepsilon_c)\end{cases} \tag{5-12}$$

$$D=\begin{cases}0 & (\varepsilon_e\leqslant\varepsilon_c)\\ 1-\dfrac{\varepsilon_c(1-A_C)}{\varepsilon_c}-\dfrac{A_C}{\exp[B_C(\varepsilon-\varepsilon_c)]} & (\varepsilon_e>\varepsilon_c)\end{cases} \tag{5-13}$$

式中，E_0 为线弹性阶段的弹性模量，ν 为材料泊松比，A_C 和 B_C 为材料常数，ε_e 为等效应变，$\varepsilon_e=\sqrt{\varepsilon_1^2+\varepsilon_2^2+\varepsilon_3^2}=-\sqrt{2}\nu\varepsilon_1$。

5.2.3 Loland 模型

对于脆塑性材料，当载荷值接近峰值应力时，应力-应变关系已经不再是线弹性，也就是说在载荷达到峰值应力以前，材料已经发生了损伤。Loland 模型将这类材料的损伤分为两个阶段，当应变小于峰值应变 ε_c 时，材料整体发生分布的微裂纹损伤；当应变大于峰值应变 ε_c 时，材料损伤主要发生在破坏区域。Loland 模型应力-应变关系及损伤演化方程为：

$$\sigma=\begin{cases}\dfrac{1-D}{1-D_0}E\varepsilon & 0\leqslant\varepsilon\leqslant\varepsilon_c\\[2ex]\dfrac{1-D}{1-D_0}E\varepsilon_c & \varepsilon_c\leqslant\varepsilon\leqslant\varepsilon_u\end{cases}\tag{5-14}$$

$$D=\begin{cases}D_0+C_1\varepsilon^{\beta} & 0\leqslant\varepsilon\leqslant\varepsilon_c\\ D_0+C_1\varepsilon^{\beta}+C_2(\varepsilon-\varepsilon_c) & \varepsilon_c\leqslant\varepsilon\leqslant\varepsilon_u\end{cases}\tag{5-15}$$

式中，D_0 为初始损伤值，E 为无损弹性模量，ε_u 为极限应变，即当 $\varepsilon=\varepsilon_u$ 时 $D=1$，β、C_1、C_2 分别为材料常数。由 $\sigma|_{\varepsilon=\varepsilon_c}=\sigma_c$，$\left.\dfrac{\partial\sigma}{\partial\varepsilon}\right|_{\varepsilon=\varepsilon_c}=0$ 及 $D|_{\varepsilon=\varepsilon_u}=1$ 联立方程可以得到：

$$\beta=\frac{\sigma_c}{E\varepsilon_c-\sigma_c}\tag{5-16}$$

$$C_1=\frac{(1-D_0)\varepsilon_c^{-\beta}}{1+\beta}\tag{5-17}$$

$$C_2=\frac{1-D_0-C_1\varepsilon_c^{\beta}}{\varepsilon_u-\varepsilon_c}\tag{5-18}$$

由 Loland 模型得到的应力-应变曲线及损伤演化曲线如图 5-3 所示。

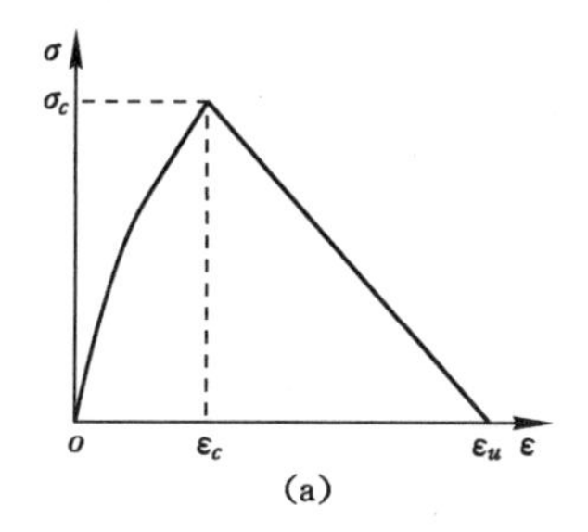

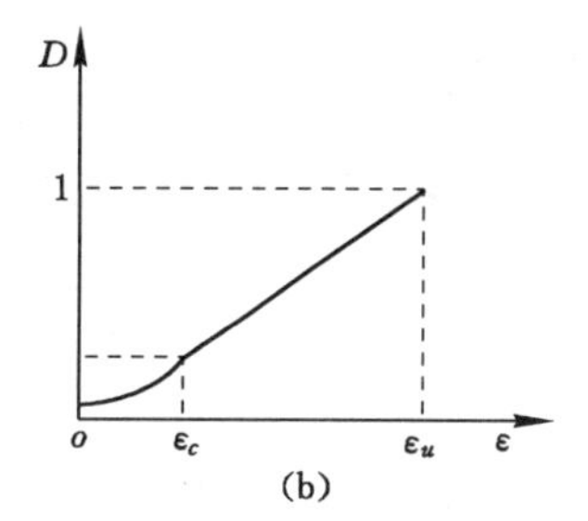

图 5-3　Loland 模型曲线

(a) 应力-应变曲线；(b) 损伤演化曲线

5.2.4　分段线性损伤模型

该模型将材料的应力-应变曲线分成两个阶段。第一阶段，应力在达到峰值应力之前，认为材料中只有初始损伤，没有损伤演化，应力-应变曲线呈线弹性关系；第二阶段，应力在达到峰值应力后，材料损伤按分段线性演化，应力-应变曲线呈分段线性(图 5-4)。应力-应变关系表示为：

$$\sigma=E[\varepsilon_c-C_1\langle\varepsilon|_M^F-\varepsilon_c\rangle-C_2\langle\varepsilon|_M^u-\varepsilon_c\rangle]\tag{5-19}$$

式中，$\varepsilon|_M^F$ 表示应变 ε 的最大值是 ε_F(宏观裂纹开始形成时的应变值)，$\varepsilon|_M^u$ 表示应变 ε 的

最大值是ε_u(临近断裂时的应变值),C_1、C_2 分别为材料常数。$\langle \varepsilon-\varepsilon_c \rangle$表示当$\varepsilon-\varepsilon_c\geqslant 0$时,取$\varepsilon-\varepsilon_c$,当$\varepsilon-\varepsilon_c<0$时,取0。

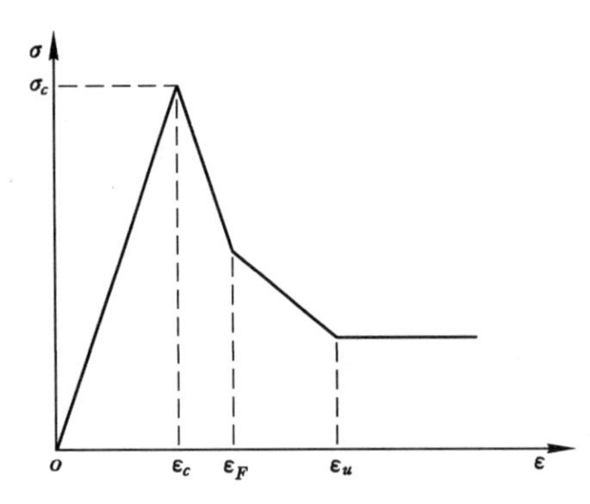

图 5-4　分段线性损伤模型应力-应变曲线

令材料的初始损伤 $D|_{\varepsilon=0}=0, D|_{\varepsilon=\varepsilon_u}=1$,可以得到:

$$\varepsilon_F=\frac{1}{C_1-C_2}[(1+C_1)\varepsilon_c-C_2\varepsilon_u] \tag{5-20}$$

分段线性损伤模型的主要特点是物理意义明确:当 $0\leqslant\varepsilon\leqslant\varepsilon_c$ 时,材料不发生损伤演化;当 $\varepsilon_c\leqslant\varepsilon\leqslant\varepsilon_F$ 时,材料微裂纹开始萌生、发展;当 $\varepsilon_F\leqslant\varepsilon\leqslant\varepsilon_u$ 时,各局部微裂纹不断发展连接;当 $\varepsilon\leqslant\varepsilon_u$ 时,微裂纹相互连接贯通,形成宏观主裂纹。

5.2.5　分段曲线损伤模型

该模型将材料的应力-应变曲线分成两个阶段,认为在应力达到峰值应力前后,材料均有损伤演化,并分别有两条不同的曲线来拟合这两个阶段,其应力-应变关系及损伤演化方程为:

$$\sigma=\begin{cases} E\varepsilon\left[1-A_1\left(\dfrac{\varepsilon}{\varepsilon_c}\right)^{B_1}\right] & 0\leqslant\varepsilon\leqslant\varepsilon_c \\ E\varepsilon\left[\dfrac{A_2}{C_1\left(\dfrac{\varepsilon}{\varepsilon_c}-1\right)^{B_2}+\dfrac{\varepsilon}{\varepsilon_c}}\right] & \varepsilon>\varepsilon_c \end{cases} \tag{5-21}$$

$$D=\begin{cases} A_1\left(\dfrac{\varepsilon}{\varepsilon_c}\right)^{B_1} & 0\leqslant\varepsilon\leqslant\varepsilon_c \\ 1-\dfrac{A_2}{C_1\left(\dfrac{\varepsilon}{\varepsilon_c}-1\right)^{B_2}+\dfrac{\varepsilon}{\varepsilon_c}} & \varepsilon>\varepsilon_c \end{cases} \tag{5-22}$$

式中,B_2、C_1 为曲线参数,A_1、A_2、B_1为材料常数。由 $\sigma|_{\varepsilon=\varepsilon_c}=\sigma_c$,$\left.\dfrac{\partial\sigma}{\partial\varepsilon}\right|_{\varepsilon=\varepsilon_c}=0$ 可以得到:

$$A_1=\frac{E\varepsilon_c-\sigma_c}{E\varepsilon_c} \tag{5-23}$$

$$A_2 = \frac{\sigma_c}{E\varepsilon_c} \tag{5-24}$$

$$B_1 = \frac{\sigma_c}{E\varepsilon_c - \sigma_c} \tag{5-25}$$

由分段曲线模型得到的应力-应变曲线及损伤演化曲线如图 5-5 所示。

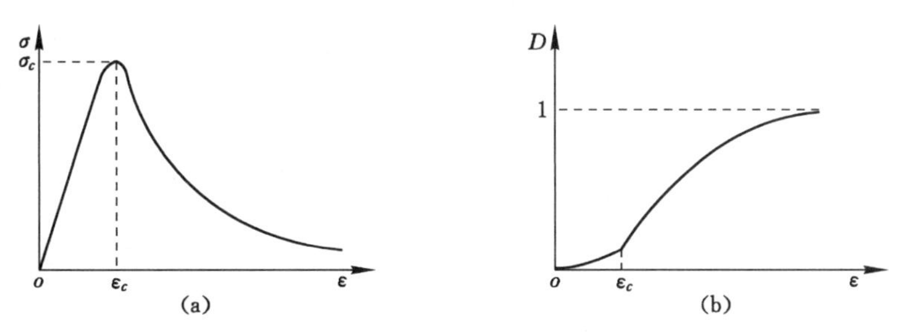

图 5-5　分段曲线损伤模型

(a) 应力-应变曲线；(b) 损伤演化曲线

5.3 岩石破坏的统计强度理论

岩石是一种天然材料，由于其矿物成分、成岩条件、受载历史等的不同，使得岩石表现出非连续、非均质、非弹性及各向异性的特点。构成岩石矿物颗粒的大小和形状是多种多样的，一般而言，若以毫米为研究尺度时，岩石是极不均匀的；但若以厘米作为研究尺度时，我们又可以认为岩石材料大致上是均匀的。同样，岩石在形成以及地质作用过程中，其内部存在着许多空隙、微裂隙、夹层等缺陷。若研究尺度与这些缺陷相当时，则认为岩石是非均质材料，但当我们把研究尺度放大到一定程度时，岩石又可以认为是含有均匀缺陷的材料。

1933 年，统计概念被引入材料的强度理论中，亚历山德罗与伏尔柯夫指出，构成物体的材料，从整体上看可能是均质的，但从微观上看却又是十分不均匀的。材料的宏观力学性质本质上是介质大量微元的整体效应，就每一个微元而言，其个体行为对宏观性质的影响是有限的。对单个个体的力学性能详尽无遗地描述是不可能的，也是没有必要的。1939 年，韦伯率先提出了用统计数学的方法去描述材料的非均匀性，他认为精确测量材料的破坏强度是不可能的，在给定应力水平下材料破坏的概率是可以定义的。Kostak 通过 320 块 Matinenda 砂岩试样单轴压缩实验得到了强度立方图。研究指出，岩石试样强度具有一定的离散性，但从整体上看，这些离散的岩石强度又具有一定的统计规律性。1993 唐春安提出岩石的细观单元强度满足某个统计分布的假设，认为细观的非均质性是造成准脆性材料宏观非线性的根本原因，用统计损伤的方法来考虑岩石材料的非均质性与缺陷的随机性。由于损伤断裂与疲劳破坏在设计中变得尤为重要，许多专家提出了多种统计模型，其中比较重要的有均匀分布、指数分布、正态分布、对数正态分布、伽马分布及韦伯分布[138]。

5.3.1 正态(Gauss)分布

正态分布在统计学中是最为熟悉且经常使用的，正态分布随机变量的概率密度的两个参数 μ 和 σ 分别为随机变量的数学期望和方差。正态分布的随机变量 x 的概率密度为：

$$f(x)=\frac{1}{\sigma\sqrt{2\pi}}\exp\left[-\frac{(x-\mu)^2}{2\sigma^2}\right] \qquad x\in(-\infty,\infty) \tag{5-26}$$

正态分布累积概率分布函数为：

$$F(x)=\frac{1}{\sigma\sqrt{2\pi}}\int_{-\infty}^{\infty}\exp\left[-\frac{1}{2}\left(\frac{x-\mu}{\sigma}\right)^2\right]\mathrm{d}x \tag{5-27}$$

正态分布是关于直线 $x=\mu$ 的对称分布，正态分布概率密度函数的位置完全由均值 μ 所决定，而标准差反映了随机变量 x 在均值附近的集中程度。

5.3.2 对数正态分布

设随机变量 x 的自然对数 $y=\ln x$ 服从正态分布，则随机变量 x 服从对数正态分布，对数正态分布广泛应用于材料的可靠性分析，如材料疲劳损伤演化、疲劳裂纹扩展等。

对数正态分布的概率密度函数为：

$$f(x)=\begin{cases}\dfrac{1}{\sigma x\sqrt{2\pi}}\exp\left[-\dfrac{(\ln x-\mu)^2}{2\sigma^2}\right] & x\in(0,\infty)\\ 0 & x\in(-\infty,0)\end{cases} \tag{5-28}$$

对数正态分布累积概率分布函数为：

$$F(x)=\phi\left(\frac{\ln x-\mu}{\sigma}\right) \tag{5-29}$$

式中 $\phi(\cdot)$ 为标准正态分布函数：

$$\phi(y)=\frac{1}{\sqrt{2\pi}}\int_{-\infty}^{y}\exp\left[-\frac{x^2}{2}\right]\mathrm{d}x \tag{5-30}$$

5.3.3 Weibull 分布

三参量的 Weibull 分布对各类试验数据的拟合能力强，具有很强的适应性，在所有可用统计分布中 Weibull 分布被认为是最有价值的，应用最广泛的。

Weibull 分布的概率密度函数为：

$$f(x)=\begin{cases}\dfrac{m}{F}\left(\dfrac{x-\gamma}{F}\right)^{m-1}\exp\left[-\left(\dfrac{x-\gamma}{F}\right)^{m}\right] & x\in(\gamma,\infty)\\ 0 & x\in(-\infty,\gamma)\end{cases} \tag{5-31}$$

Weibull 分布累积概率分布函数为：

$$F(x)=1-\exp\left[-\left(\frac{x-\gamma}{F}\right)^{m}\right] \tag{5-32}$$

式中，m 为形状参数，F 为尺度参数，γ 为位置参数。

一般通过改变形状参数 m 的值，分别可以得到正偏、负偏及对称的概率密度分布；尺度参数 F 控制着随机变量 x 的分散程度，如果 F 越大，则随机变量 x 的分散程度越大；位置参数 γ 的改变只是影响概率密度曲线的起始点位置，对于曲线的形态没有影响。

图 5-6 所示为 Weibull 分布概率密度函数曲线。

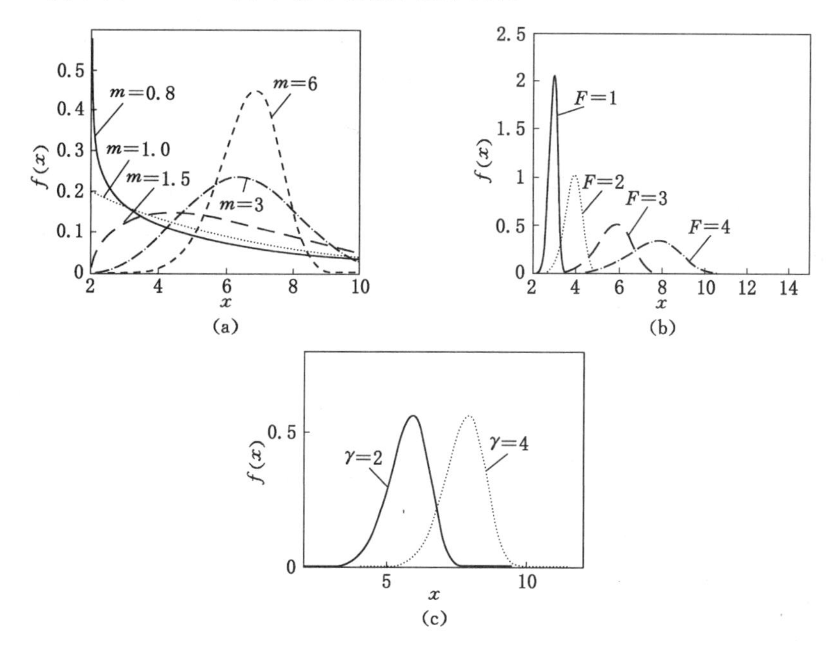

图 5-6 Weibull 分布概率密度函数曲线

5.4 泥岩的损伤演化方程

5.4.1 泥岩的热损伤

岩石受到温度作用后，由于水分蒸发作用、岩石内部介质的软化、熔化与挥发、热破裂作用等影响，岩石宏观力学参量弹性模量发生了明显的变化。在前面的试验中发现，泥岩的弹性模量是温度的函数，因此从弹性模量的改变来表征岩石受温度作用参数的损伤效应，设定常温 25 ℃时，试样处在自然状态，泥岩的热损伤为 0(不考虑岩石的初始损伤)，本节以弹性模量作为损伤变量，定义热损伤：

$$D_T = 1 - \frac{E_T}{E_0} \tag{5-33}$$

式中，E_T、E_0 分别为温度 T 与常温 25 ℃时的弹性模量。

由表 5-1 及图 5-7 可知，损伤变量 D_T 在 100～400 ℃处出现负值，即所谓的“负损伤”，这反映了损伤值不一定总是增加的，岩石的温度损伤演化存在着某种阈值。只有超过了这个阈值，损伤才会出现。就本次试验看出，很可能在这个阈值到来之前，泥岩矿物颗粒的热膨胀作用只是用来充填岩石初始孔隙的，出现损伤是在温度作用下岩石初始孔隙完全闭合后。本书试验资料反映，100～400 ℃处泥岩的抗压强度、弹性模量比常温下的还高，这意味着 400 ℃左右可能是泥岩的阈值，而过了 400 ℃温度段，损伤变量随温度升高而变大，表明热膨胀会导致岩石内部微裂纹的形成、扩展。

表 5-1　不同温度下泥岩的损伤值

T/℃	25	100	200	400	600	700	800
E_T/GPa	14.00	14.78	15.39	22.55	5.66	3.72	3.02
D_T	0.000 0	−0.055 7	−0.170 7	−0.610 7	0.524 3	0.734 3	0.784 3

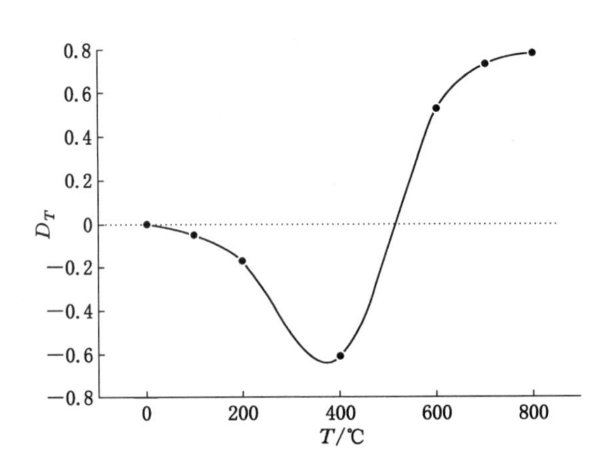

图 5-7　不同温度下泥岩的热损伤值

5.4.2　考虑温度效应的泥岩损伤演化方程

在不考虑岩石材料的初始损伤的条件下，其损伤演化是由微元体的不断破坏引起的，定义损伤变量：

$$D = \frac{V_P}{V_{总}} \tag{5-34}$$

式中，V_P 为岩石破坏单元的体积，$V_{总}$ 为岩石的总体积。

假设岩石内部微元体的强度 k 服从三参量 Weibull 分布，即：

$$f(k)=\begin{cases}\dfrac{m}{F}\left(\dfrac{k-\gamma}{F}\right)^{m-1}\exp\left[-\left(\dfrac{k-\gamma}{F}\right)^{m}\right] & k\in[\gamma,\infty)\\ 0 & k\in(-\infty,\gamma)\end{cases} \tag{5-35}$$

通过 Weibull 函数的性质，我们可以得到参数 m、F、γ 分别反映了 Weibull 函数上的形状、尺度及位置特征，对应于岩石的基本力学特征，分别为岩石的均匀性特征、平均强度特征及损伤演化阈值点特征。在第 2 章的分析中，我们发现泥岩的均匀性、峰值应力及损伤演化阈值点随温度的变化规律与不同温度下泥岩弹性模量的变化规律惊人的相似，本书认为这都统一于岩石的热损伤特征的改变。令不同温度作用下泥岩的 Weibull 参量为：

$$\begin{aligned}m(T)&=m_0(1-D_T)\\ F(T)&=F_0(1-D_T)\\ \gamma(T)&=\gamma_0(1-D_T)\end{aligned} \tag{5-36}$$

式中，m_0、F_0、γ_0 分别为常温状态下泥岩的 Weibull 参量。将式(5-36)代入式(5-35)，得到不同温度下泥岩微元体强度 k 的 Weibull 分布为：

$$f(k,T)=\begin{cases}\dfrac{m_0(1-D_T)}{F_0(1-D_T)}\left(\dfrac{k-\gamma_0(1-D_T)}{F_0(1-D_T)}\right)^{m_0(1-D_T)-1}\exp\left[-\left(\dfrac{k-\gamma_0(1-D_T)}{F_0(1-D_T)}\right)^{m_0(1-D_T)}\right] & k\in[\gamma,\infty)\\ 0 & k\in(-\infty,\gamma)\end{cases} \tag{5-37}$$

则在某一应力水平[σ]条件下，岩石内部已破坏单元体积 V_P 为：

$$\begin{aligned}V_P&=\iiint_v\int_0^k f(t)\,\mathrm{d}t\,\mathrm{d}x\,\mathrm{d}y\,\mathrm{d}z\\ &=\iiint_v\int_{-\infty}^{\gamma} f(t)\,\mathrm{d}t\,\mathrm{d}x\,\mathrm{d}y\,\mathrm{d}z+\iiint_v\int_{\gamma}^{k} f(t)\,\mathrm{d}t\,\mathrm{d}x\,\mathrm{d}y\,\mathrm{d}z\\ &=0+\iiint_v\int_{\gamma}^{k} f(t)\,\mathrm{d}t\,\mathrm{d}x\,\mathrm{d}y\,\mathrm{d}z\\ &=\iiint_v\int_{\gamma}^{k} f(t)\,\mathrm{d}t\,\mathrm{d}x\,\mathrm{d}y\,\mathrm{d}z\end{aligned} \tag{5-38}$$

则损伤变量 D：

$$D=\frac{V_P}{V_{总}}=\frac{\iiint_v\int_{\gamma}^{k} f(t)\,\mathrm{d}t\,\mathrm{d}x\,\mathrm{d}y\,\mathrm{d}z}{V_{总}} \tag{5-39}$$

由于岩石的破坏强度与微元体的空间坐标无关，所以：

$$D=\frac{V_{总}\int_{\gamma}^{k} f(t)\,\mathrm{d}t}{V_{总}}=\int_{\gamma}^{k} f(t)\,\mathrm{d}t=1-\exp\left[-\left(\frac{k-\gamma_0(1-D_T)}{F_0(1-D_T)}\right)^{m_0(1-D_T)}\right] \tag{5-40}$$

引入 Drucker-Prager 强度准则作为岩石微元破坏判据，即：

$$f([\sigma])=k=\alpha_0 I_1+\sqrt{J_2}=\frac{\sin\varphi}{\sqrt{9+3\sin^2\varphi}}I_1+\sqrt{J_2} \tag{5-41}$$

式中，φ 为岩石的内摩擦角，I_1 为应力张量的第一不变量，J_2 为应力偏张量的第二不变量。表示为：

$$I_1 = \sigma_{kk}^* = \sigma_{11}^* + \sigma_{22}^* + \sigma_{33}^* \tag{5-42}$$

$$J_2 = \frac{1}{2}s_{ij}^* s_{ij}^* = \frac{1}{6}[(\sigma_1^* - \sigma_2^*)^2 + (\sigma_2^* - \sigma_3^*)^2 + (\sigma_3^* - \sigma_1^*)^2] \tag{5-43}$$

将岩石微元破坏的强度准则代入损伤演化方程，得：

$$D = 1 - \exp\left\{-\left[\frac{\alpha_0 I_1 + \sqrt{J_2} - \gamma_0(1 - D_T)}{F_0(1 - D_T)}\right]^{m_0(1-D_T)}\right\} \tag{5-44}$$

在第2章中看到岩石的损伤演化存在一个阈值点，在这个阈值点之前，材料不发生损伤演化或者损伤演化很小，可以认为岩石的损伤值为零，当应力状态超过阈值点后，岩石损伤值如式(5-44)所示，对于全应力状态下，泥岩的损伤演化方程可以表示为：

$$D(\sigma,T) = \begin{cases} 0 & \sigma_1 < \sigma_D \\ 1 - \exp\left\{-\left[\dfrac{\alpha_0 I_1 + \sqrt{J_2} - \gamma_0(1 - D_T)}{F_0(1 - D_T)}\right]^{m_0(1-D_T)}\right\} & \sigma_1 \geqslant \sigma_D \end{cases} \tag{5-45}$$

将式(5-33)代入式(5-45)得到不同温度作用下泥岩损伤演化方程的弹性模量表达式：

$$D(\sigma,T) = \begin{cases} 0 & \sigma_1 < \sigma_D \\ 1 - \exp\left[-\left(\dfrac{\alpha_0 I_1 + \sqrt{J_2} - \gamma_0 \dfrac{E_T}{E_0}}{F_0 \dfrac{E_T}{E_0}}\right)^{m_0 \frac{E_T}{E_0}}\right] & \sigma_1 \geqslant \sigma_D \end{cases} \tag{5-46}$$

5.4.3 考虑应变率效应的泥岩损伤演化方程

岩石在加载过程中，其内部微元对加载速率响应各不相同，假设岩石内部各微元体的力学性质由一个弹脆性元件和一个黏滞阻尼器并联共同组成，外载荷对岩石微元施加的应力由弹脆性元件和黏性元件共同承担，即：

$$\sigma = \sigma_e + \sigma_\eta \tag{5-47}$$

岩石微元强度模型如图5-8所示。

在考虑了应变率效应对岩石微元强度影响的条件下，令不同应变率作用下泥岩的 Weibull 参量为：

$$\begin{aligned} m(\dot{\varepsilon}) &= m_{st} f(\dot{\varepsilon}) \\ F(\dot{\varepsilon}) &= F_{st} + \eta\dot{\varepsilon} \\ \gamma(\dot{\varepsilon}) &= \gamma_{st} g(\dot{\varepsilon}) \end{aligned} \tag{5-48}$$

图5-8　岩石微元强度模型

式中，m_{st}、F_{st}、γ_{st} 分别为静载状态下泥岩的 Weibull 参量，η 为黏滞系数。将式(5-48)代入式(5-35)，得到不同应变率下泥岩微元体强度 k 的 Weibull 分布为：

$$f(k,\dot{\varepsilon})=\begin{cases}\dfrac{m(\dot{\varepsilon})}{F_{st}+\eta\dot{\varepsilon}}\left(\dfrac{k-\gamma(\dot{\varepsilon})}{F_{st}+\eta\dot{\varepsilon}}\right)^{m(\dot{\varepsilon})-1}\exp\left[-\left(\dfrac{k-\gamma(\dot{\varepsilon})}{F_{st}+\eta\dot{\varepsilon}}\right)^{m(\dot{\varepsilon})}\right] & k\in[\gamma,\infty)\\ 0 & k\in(-\infty,\gamma)\end{cases} \tag{5-49}$$

根据式(5-34)对损伤变量的定义,得:

$$D=\frac{V_{总}\int_{\gamma}^{k}f(t)\mathrm{d}t}{V_{总}}=\int_{\gamma}^{k}f(t)\mathrm{d}t=1-\exp\left[-\left(\frac{k-\gamma(\dot{\varepsilon})}{F_{st}+\eta\dot{\varepsilon}}\right)^{m(\dot{\varepsilon})}\right] \tag{5-50}$$

引入 Drucker-Prager 强度准则作为岩石微元破坏判据,得:

$$D=1-\exp\left\{-\left[\frac{\alpha_0 I_1+\sqrt{J_2}-\gamma(\dot{\varepsilon})}{F_{st}+\eta\dot{\varepsilon}}\right]^{m(\dot{\varepsilon})}\right\} \tag{5-51}$$

对于全应力状态下,考虑应变率效应的泥岩损伤演化方程可以表示为:

$$D(\sigma,\dot{\varepsilon})=\begin{cases}0 & \sigma_1<\sigma_D\\ 1-\exp\left\{-\left[\dfrac{\alpha_0 I_1+\sqrt{J_2}-\gamma(\dot{\varepsilon})}{F_{st}+\eta\dot{\varepsilon}}\right]^{m(\dot{\varepsilon})}\right\} & \sigma_1\geqslant\sigma_D\end{cases} \tag{5-52}$$

5.4.4 同时考虑温度与应变率效应的泥岩损伤演化方程

本书认为温度和加载速率对岩石损伤演化的影响是相互独立的,因此,综合式(5-45)及式(5-52)即可得到考虑温度效应及应变率效应共同作用下泥岩损伤演化方程:

$$D(\sigma,\dot{\varepsilon},T)=\begin{cases}0 & \sigma_1<\sigma_D\\ 1-\exp\left\{-\left[\dfrac{\alpha_0 I_1+\sqrt{J_2}-\gamma(\dot{\varepsilon})(1-D_T)}{(F_{st}+\eta\dot{\varepsilon})(1-D_T)}\right]^{m(\dot{\varepsilon})(1-D_T)}\right\} & \sigma_1\geqslant\sigma_D\end{cases} \tag{5-53}$$

5.5 泥岩的损伤本构方程

5.5.1 考虑温度效应的泥岩损伤本构方程

由等效应变假设得:

$$[\boldsymbol{\sigma}^*]=\frac{[\boldsymbol{\sigma}]}{1-[\boldsymbol{D}]}=\frac{[\boldsymbol{E}][\boldsymbol{\varepsilon}]}{1-[\boldsymbol{D}]} \tag{5-54}$$

式中:$[\boldsymbol{\sigma}]$为名义应力张量,$[\boldsymbol{\sigma}^*]$为有效应力张量,$[\boldsymbol{\varepsilon}]$为应变张量,$[\boldsymbol{E}]$为弹性模量矩阵,$[\boldsymbol{D}]$为损伤矩阵。

岩石破坏后还存在一定的残余强度,为了反映岩石残余强度的性质,加一个损伤修正系数 δ 对上述公式进行修正[139]。

$$[\boldsymbol{\sigma}^*]=\frac{[\boldsymbol{\sigma}]}{1-\delta[\boldsymbol{D}]}=\frac{[\boldsymbol{E}][\boldsymbol{\varepsilon}]}{1-\delta[\boldsymbol{D}]} \tag{5-55}$$

假设岩石微元体破坏前服从广义虎克定律，即

$$\varepsilon_i=\frac{1}{E}[\sigma_i^*-\mu(\sigma_j^*+\sigma_k^*)] \quad (i,j,k=1,2,3) \tag{5-56}$$

由式(5-54)可以得到：

$$\sigma_i^*=\frac{\sigma_i}{1-\delta D} \quad (i=1,2,3) \tag{5-57}$$

将式(5-57)代入式(5-56)得：

$$\varepsilon_i=\frac{1}{E(1-\delta D)}[\sigma_i-\mu(\sigma_j+\sigma_k)] \quad (i,j,k=1,2,3) \tag{5-58}$$

将 $D=1-\exp\left\{-\left[\frac{\alpha_0 I_1+\sqrt{J_2}-\gamma_0(1-D_T)}{F_0(1-D_T)}\right]^{m_0(1-D_T)}\right\}$ 带入式(5-58)，得：

$$\sigma_i=E\varepsilon_i\left\{1-\delta+\delta\exp\left[-\left(\frac{\alpha_0 I_1+\sqrt{J_2}-\gamma_0(1-D_T)}{F_0(1-D_T)}\right)^{m_0(1-D_T)}\right]\right\}+\mu(\sigma_j+\sigma_k) \tag{5-59}$$

在第 2 章中，我们发现随着温度的变化，泥岩的弹性模量有显著的改变，因此，在建立考虑温度效应的泥岩损伤本构方程时需要考虑不同温度下岩石弹性模量的变化，由式(5-33)得到不同温度下泥岩的弹性模量可以表示为：

$$E=E(T)=E_T=E_0(1-D_T) \tag{5-60}$$

将式(5-60)代入式(5-59)，得到了考虑温度效应的泥岩损伤本构方程(损伤阈值点之后)：

$$\sigma_i=E_0(1-D_T)\varepsilon_i\left\{1-\delta+\delta\exp\left[-\left(\frac{\alpha_0 I_1+\sqrt{J_2}-\gamma_0(1-D_T)}{F_0(1-D_T)}\right)^{m_0(1-D_T)}\right]\right\}+\mu(\sigma_j+\sigma_k) \tag{5-61}$$

在损伤阈值点之后，材料的本构方程由式(5-61)给出，在损伤阈值点以前，材料的本构关系可采用多项式函数关系拟合，考虑到应力-应变曲线过坐标原点的特点，其函数关系可用如下形式给出：

$$\sigma_i=A(T)\varepsilon_i[\varepsilon_i+B(T)] \tag{5-62}$$

式中，$A(T)$、$B(T)$为温度相关系数。

综合式(5-61)与式(5-62)得到考虑温度效应的泥岩损伤本构方程：

$$\sigma_i=\begin{cases}A(T)\varepsilon_i[\varepsilon_i+B(T)] & 0\leqslant\varepsilon\leqslant\varepsilon_D\\ E_0(1-D_T)\varepsilon_i\left\{1-\delta+\delta\exp\left[-\left(\frac{\alpha_0 I_1+\sqrt{J_2}-\gamma_0(1-D_T)}{F_0(1-D_T)}\right)^{m_0(1-D_T)}\right]\right\}+\mu(\sigma_j+\sigma_k) & \varepsilon>\varepsilon_D\end{cases} \tag{5-63}$$

5.5.2 考虑应变率效应的泥岩损伤本构方程

将 $D=1-\exp\left\{-\left[\frac{\alpha_0 I_1+\sqrt{J_2}-\gamma(\dot{\varepsilon})}{F_{st}+\eta\dot{\varepsilon}}\right]^{m(\dot{\varepsilon})}\right\}$代入式(5-58),得:

$$\sigma_i=E\varepsilon_i\left\{1-\delta+\delta\exp\left[-\left(\frac{\alpha_0 I_1+\sqrt{J_2}-\gamma(\dot{\varepsilon})}{F_{st}+\eta\dot{\varepsilon}}\right)^{m(\dot{\varepsilon})}\right]\right\}+\mu(\sigma_j+\sigma_k) \tag{5-64}$$

式(5-64)给出的是在损伤阈值点之后材料的本构方程,同样,在损伤阈值点以前,材料的本构关系仍然采用多项式函数关系拟合,即

$$\sigma_i=A\varepsilon_i(\varepsilon_i+B) \tag{5-65}$$

式中,A、B 为温度及加载速率相关系数。

综合式(5-64)与式(5-65)得到考虑应变率效应的泥岩损伤本构方程:

$$\sigma_i=\begin{cases}A\varepsilon_i(\varepsilon_i+B) & 0\leqslant\varepsilon\leqslant\varepsilon_D\\ E\varepsilon_i\left\{1-\delta+\delta\exp\left[-\left(\frac{\alpha_0 I_1+\sqrt{J_2}-\gamma(\dot{\varepsilon})}{F_{st}+\eta\dot{\varepsilon}}\right)^{m(\dot{\varepsilon})}\right]\right\}+\mu(\sigma_j+\sigma_k) & \varepsilon>\varepsilon_D\end{cases} \tag{5-66}$$

5.5.3 同时考虑温度与应变率效应的泥岩损伤本构方程

将式(5-53)代入到式(5-58)即可得到在损伤阈值点之后材料的本构方程,再利用二次多项式函数拟合在损伤阈值点以前岩石应力-应变关系,得到考虑温度效应及应变率效应共同作用下的泥岩损伤本构方程:

$$\sigma_i=\begin{cases}A\varepsilon_i(\varepsilon_i+B) & 0\leqslant\varepsilon\leqslant\varepsilon_D\\ E\varepsilon_i\left\{1-\delta+\delta\exp\left[-\left[\frac{\alpha_0 I_1+\sqrt{J_2}-\gamma(\dot{\varepsilon})(1-D_T)}{(F_{st}+\eta\dot{\varepsilon})(1-D_T)}\right]^{m(\dot{\varepsilon})(1-D_T)}\right]\right\}+\mu(\sigma_j+\sigma_k) & \varepsilon>\varepsilon_D\end{cases} \tag{5-67}$$

5.6 泥岩损伤本构方程参数的确定

模型参数的确定要与岩石某些宏观参量相联系,这样确定的模型参数才具有一定的物理意义,具有更广的实用性。为此,本书引入岩样的损伤阈值点处应力-应变值(σ_D、ε_D)与峰值点处应力-应变值(σ_c、ε_c)作为特定宏观参量来确定模型参数。

对于式(5-63)、式(5-66)及式(5-67)可以统一写成如下形式:

$$\sigma_i=\begin{cases}A\varepsilon_i(\varepsilon_i+B) & 0\leqslant\varepsilon\leqslant\varepsilon_D\\ E\varepsilon_i\left\{1-\delta+\delta\exp\left[-\left(\dfrac{\alpha_0 I_1+\sqrt{J_2}-\gamma}{F}\right)^m\right]\right\}+\mu(\sigma_j+\sigma_k)\varepsilon & >\varepsilon_D\end{cases} \tag{5-68}$$

5.6.1 参数 m、F 及 γ 的确定

在岩石常温单轴压缩试验中，$\sigma=\sigma_1$、$\sigma_2=\sigma_3=0$ 且 $\varepsilon>\varepsilon_D$ 时，式(5-68)简化为：

$$\begin{aligned}\sigma&=E\varepsilon_1\left\{1-\delta+\delta\exp\left[-\left(\frac{\alpha_0 I_1+\sqrt{J_2}-\gamma}{F}\right)^m\right]\right\}\\&=E\varepsilon\left\{1-\delta+\delta\exp\left[-\left(\frac{\left(\alpha_0+\frac{\sqrt{3}}{3}\right)\sigma^*-\gamma}{F}\right)^m\right]\right\}\end{aligned} \tag{5-69}$$

由有效应力 $\sigma^*=\dfrac{\sigma}{1-\delta D}=E\varepsilon$ 得：

$$\sigma=E\varepsilon\left\{1-\delta+\delta\exp\left[-\left(\frac{\left(\alpha_0+\frac{\sqrt{3}}{3}\right)E\varepsilon-\gamma}{F}\right)^m\right]\right\} \tag{5-70}$$

参数 γ 决定于岩石损伤演化的起点，即损伤演化阈值点(σ_D、ε_D)，且由 $f([\boldsymbol{\sigma}])-\gamma\geqslant0$，即 $\alpha_0 I_1+\sqrt{J_2}-\gamma\geqslant0$，可以得到：

$$\gamma=\lim_{\sigma\to\sigma_s}\alpha_0 I_1+\sqrt{J_2}=\lim_{\sigma\to\sigma_s}\left(\alpha_0+\frac{\sqrt{3}}{3}\right)\sigma^* \tag{5-71}$$

由 $\sigma^*=\dfrac{\sigma}{1-\delta D}$，且假设在损伤阈值点岩石的损伤值为零，则：

$$\gamma=\left(\alpha_0+\frac{\sqrt{3}}{3}\right)\frac{\sigma}{1-\delta D}=\left(\alpha_0+\frac{\sqrt{3}}{3}\right)\sigma_D \tag{5-72}$$

显然，式(5-70)具有以下特点：① 应力峰值点应力-应变满足本构方程；② 应力-应变曲线一阶导数在应力峰值点为零，即

$$\sigma\,|_{\varepsilon=\varepsilon_c}=\sigma_c \tag{5-73}$$

$$\left.\frac{\partial\sigma}{\partial\varepsilon}\right|_{\varepsilon=\varepsilon_c}=0 \tag{5-74}$$

将式(5-70)代入式(5-73)和式(5-74)得到：

$$\sigma_c=E\varepsilon_c\left\{1-\delta+\delta\exp\left[-\left(\frac{\alpha E\varepsilon_c-\gamma}{F}\right)^m\right]\right\} \tag{5-75}$$

$$\frac{\partial\sigma}{\partial\varepsilon}=E\left\{1-\delta+\delta\exp\left[-\left(\frac{\alpha E\varepsilon-\gamma}{F}\right)^m\right]\right\}+$$

$$E^2\varepsilon\delta\left[-\left(\frac{\alpha E\varepsilon-\gamma}{F}\right)^m\right]m\frac{\alpha}{\alpha E\varepsilon-\gamma}\exp\left[-\left(\frac{\alpha E\varepsilon-\gamma}{F}\right)^m\right]$$

$$=E\left\{1-\delta+\delta\exp\left[-\left(\frac{\alpha E\varepsilon-\gamma}{F}\right)^m\right]\right\}+$$

$$\frac{E^2\varepsilon\delta m}{E\varepsilon-\sigma_D}\left[-\left(\frac{\alpha E\varepsilon-\gamma}{F}\right)^m\right]\exp\left[-\left(\frac{\alpha E\varepsilon-\gamma}{F}\right)^m\right] \tag{5-76}$$

式中，$\alpha=\alpha_0+\frac{\sqrt{3}}{3}$。

由$\left.\frac{\partial\sigma}{\partial\varepsilon}\right|_{\varepsilon=\varepsilon_c}=0$得：

$$\left.\frac{\partial\sigma}{\partial\varepsilon}\right|_{\varepsilon=\varepsilon_c}=E\left\{1-\delta+\delta\exp\left[-\left(\frac{\alpha E\varepsilon-\gamma}{F}\right)^m\right]\right\}+$$

$$\frac{\alpha E^2\varepsilon_c\delta m}{\alpha E\varepsilon_c-\gamma}\left[-\left(\frac{\alpha E\varepsilon-\gamma}{F}\right)^m\right]\exp\left[-\left(\frac{\alpha E\varepsilon_c-\gamma}{F}\right)^m\right]$$

$$=0 \tag{5-77}$$

联立式(5-74)与式(5-75)可得：

$$m=\frac{\sigma_c(\gamma-\alpha E\varepsilon_c)}{\alpha E^2\varepsilon_c^2\delta b\ln b} \tag{5-78}$$

$$F=\frac{\alpha E\varepsilon_c-\gamma}{(-\ln b)^{\frac{1}{m}}} \tag{5-79}$$

式中，b、γ 分别为：

$$b=\frac{\sigma_c-(1-\delta)E\varepsilon_c}{\delta E\varepsilon_c} \tag{5-80}$$

$$\gamma=\left(\alpha_0+\frac{\sqrt{3}}{3}\right)\sigma_D \tag{5-81}$$

5.6.2 参数 m_0、F_0 及 γ_0 的确定

对比式(5-63)与式(5-68)易得：

$$\begin{cases}\gamma_0(1-D_T)=\gamma=\left(\alpha_0+\frac{\sqrt{3}}{3}\right)\sigma_D\\ m_0(1-D_T)=m=\frac{\sigma_c(\gamma-\alpha E\varepsilon_c)}{\alpha E^2\varepsilon_c^2\delta b\ln b}\\ F_0(1-D_T)=F=\frac{\alpha E\varepsilon_c-\gamma}{(-\ln b)^{\frac{1}{m}}}\end{cases} \tag{5-82}$$

即

$$\begin{cases} \gamma_0 = \dfrac{\left(\alpha_0 + \dfrac{\sqrt{3}}{3}\right)\sigma_D}{(1-D_T)} \\ m_0 = \dfrac{\sigma_c(\gamma - \alpha E\varepsilon_c)}{(1-D_T)\alpha E^2\varepsilon_c^2\delta b\ln b} \\ F_0 = \dfrac{\alpha E\varepsilon_c - \gamma}{(1-D_T)\ (-\ln b)^{\frac{1}{m}}} \end{cases} \tag{5-83}$$

对于不同的温度水平，利用式(5-83)可以得到 n 组 γ_0、m_0 及 F_0 值，对其取算术平均值：

$$\begin{cases} (\gamma_0)_A = \dfrac{\sum (\gamma_0)_i}{n} \\ (m_0)_A = \dfrac{\sum (\gamma_0)_i}{n} \qquad i \in (1,2,\cdots,n) \\ (F_0)_A = \dfrac{\sum (\gamma_0)_i}{n} \end{cases} \tag{5-84}$$

5.6.3 参数 F_{st}、η 的确定

对比式(5-66)与式(5-68)易得，$F_{st}+\eta\dot{\varepsilon}=F$，再根据式(5-79)，得：

$$F_{st} + \eta\dot{\varepsilon} = \frac{\alpha E\varepsilon_c - \gamma}{(-\ln b)^{\frac{1}{m}}} \tag{5-85}$$

对于不同加载速率水平，我们可以得到多个($\dot{\varepsilon}$，$F_{st}+\eta\dot{\varepsilon}$)散点，利用作图法得到静载作用下 F_{st} 的值，即 $\dot{\varepsilon}\to 0$ 点处纵坐标值。

由式(5-85)得黏滞系数 η 为：

$$\eta = \frac{\alpha E\varepsilon_c - \gamma - F_{st}\ (-\ln b)^{\frac{1}{m}}}{\dot{\varepsilon}\ (-\ln b)^{\frac{1}{m}}} \tag{5-86}$$

5.6.4 参数 A、B 的确定

在岩石单轴压缩试验中，$\sigma=\sigma_1$、$\sigma_2=\sigma_3=0$ 且 $0\leqslant\varepsilon\leqslant\varepsilon_D$ 时，式(5-68)简化为：

$$\sigma = A\varepsilon^2 + B\varepsilon \tag{5-87}$$

首先，岩石应力-应变曲线在压缩段与损伤演化段，应力连续，即：

$$E\varepsilon_D\left\{1-\delta+\delta\exp\left[-\left(\frac{\alpha E\varepsilon_D-\gamma}{F_0}\right)^m\right]\right\} = A\varepsilon_D^2 + B\varepsilon_D \tag{5-88}$$

其次，岩石应力-应变曲线在压缩段与损伤演化段，一阶导数连续，即：

$$\left.\frac{\partial\sigma}{\partial\varepsilon}\right|_{\varepsilon=\varepsilon D} = E\left\{1-\delta+\delta\exp\left[-\left(\frac{\alpha E\varepsilon_D-\gamma}{F_0}\right)^m\right]\right\}+$$

$$\frac{E^2\varepsilon_D\delta m\alpha}{\alpha E\varepsilon_D-\gamma}\left[-\left(\frac{\alpha E\varepsilon_D-\gamma}{F_0}\right)^m\right]\exp\left[-\left(\frac{\alpha E\varepsilon_D-\gamma}{F_0}\right)^m\right]=$$
$$2A\varepsilon_D+B \tag{5-89}$$

联立式(5-88)与式(5-89)可得：

$$A=\frac{c\varepsilon_D-d}{\varepsilon_D^2} \tag{5-90}$$

$$B=\frac{2d-c\varepsilon_D}{\varepsilon_D} \tag{5-91}$$

式中：

$$d=E\varepsilon_D\left\{1-\delta+\delta\exp\left[-\left(\frac{\alpha E\varepsilon_D-\gamma}{F_0}\right)^m\right]\right\} \tag{5-92}$$

$$c=\frac{d}{\varepsilon_D}+\frac{\alpha Em[d-(1-\delta)E\varepsilon_D]}{\alpha E\varepsilon_D-\gamma}\ln\frac{d-(1-\delta)E\varepsilon_D}{E\varepsilon_D\delta} \tag{5-93}$$

5.6.5　关于本构方程中参量的讨论

以单轴压缩条件下岩石的本构方程式(5-70)与式(5-87)来讨论岩石全应力-应变随参数 m、F、γ、A、B 及 δ 的变化特征，认识各个参数的物理意义。在前文中我们已经认识到参数 γ 决定于岩石损伤演化的起点，也就是说参量 γ 表征着岩石损伤演化的起点；参数 A、B 分别为二次多项式的二次项与一次项系数，对于二次多项式函数而言，参数 A 越大，则曲线的下凹弯曲程度越大，即岩石应力-应变曲线上的压密阶段(下凹区段)越显著；对二次函数进行一阶求导，可以看出该函数的一阶导数在原点的值就是参数 B，对于岩石的应力-应变曲线的求导，可以得到参数 B 就是岩石试样的初始弹性模量。下面就其他参数进一步的讨论。图 5-9 给出了不同参数 m、F，以及 δ 条件下，岩石的应力-应变曲线(其中，取 $\alpha_0=0.16$、$E=20$ GPa、$\gamma=20$ MPa)。可以看出：参数 m 反映了应力-应变曲线的形态特征，随着参数 m 的减小，岩石应力-应变曲线越平缓，岩石的韧性在不断加强；参数 F 反映了岩石平均强度的特征，随着参数 F 的增加，岩石的峰值应力与峰值应变不断增加；参数 δ 则反映了岩石残余强度的特征，残余强度随着 δ 的减小而不断增大。

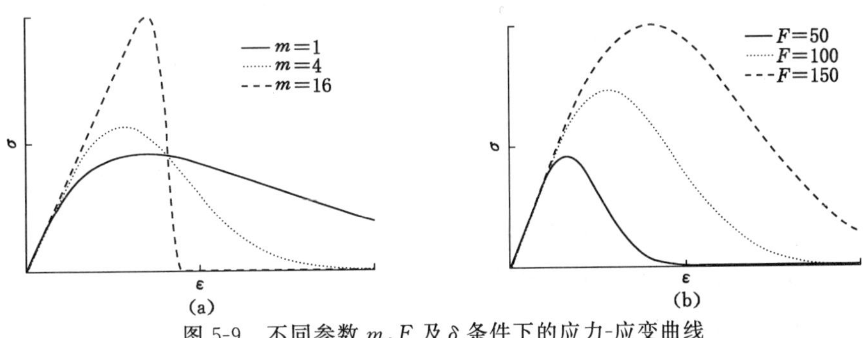

图 5-9　不同参数 m、F 及 δ 条件下的应力-应变曲线

(a) $F=100$, $\delta=1$; (b) $m=4$, $\delta=1$

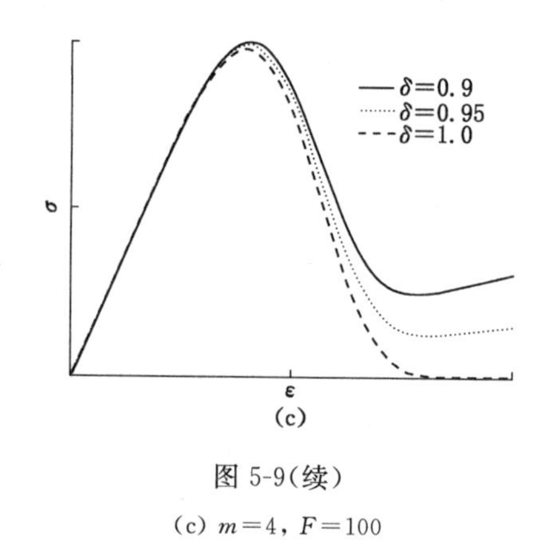

(c)

图 5-9(续)

(c) $m=4$, $F=100$

5.7 损伤本构方程验证

5.7.1 考虑温度效应的泥岩损伤本构方程验证

在上一节,我们分别求出了参数 m、F、γ、A 及 B 的表达式,这样借助于第 2 章高温下泥岩的单轴压缩试验数据可以很容易地得到不同温度下参数 m、F、γ、A 及 B 的值,各个环境温度下泥岩损伤阈值点应力-应变值(σ_D、ε_D)与峰值点处应力-应变 (σ_c、ε_c),取 3 块试样数据的平均值,取 $\delta=0.95$、内摩擦角 $\varphi=30°$(计算得 $\alpha_0=0.16$)。通过数值计算得到不同温度下参数 m、F、γ、A 及 B 的数值如表 5-2 所示。

表 5-2 不同温度下模型参数 m、F、γ、A 及 B 的数值

温度 T/℃	A	B	m	F	γ
25	0.236 3	14.440 0	9.398 1	63.323 1	23.637 8
100	0.579 6	19.111 5	3.377 0	105.399 2	28.091 1
200	0.041 4	22.372 0	4.647 9	133.784 2	40.411 4
400	0.000 0	23.940 0	15.456 9	153.484 2	65.946 8
600	0.000 0	9.600 0	5.694 5	55.892 3	18.557 8
700	−0.000 1	3.910 0	2.725 5	41.908 0	10.056 7
800	−0.445 2	5.500 0	1.017 4	47.482 6	7.984 9

图 5-10 给出了泥岩本构方程中参数随着温度的变化规律,可以得到:① 随着温度的增加,参数 A 不断减小,并由正数变化到负数,表明了全应力-应变曲线初始阶段不断由下凹形变化到直线形,再到上凸形,当 $T>400$ ℃后,基本不存在压密段;② 参数 B 随温度增加先是不断增加,大于 400 ℃又迅速降低,这也表明了泥岩初始弹性模量随温度变

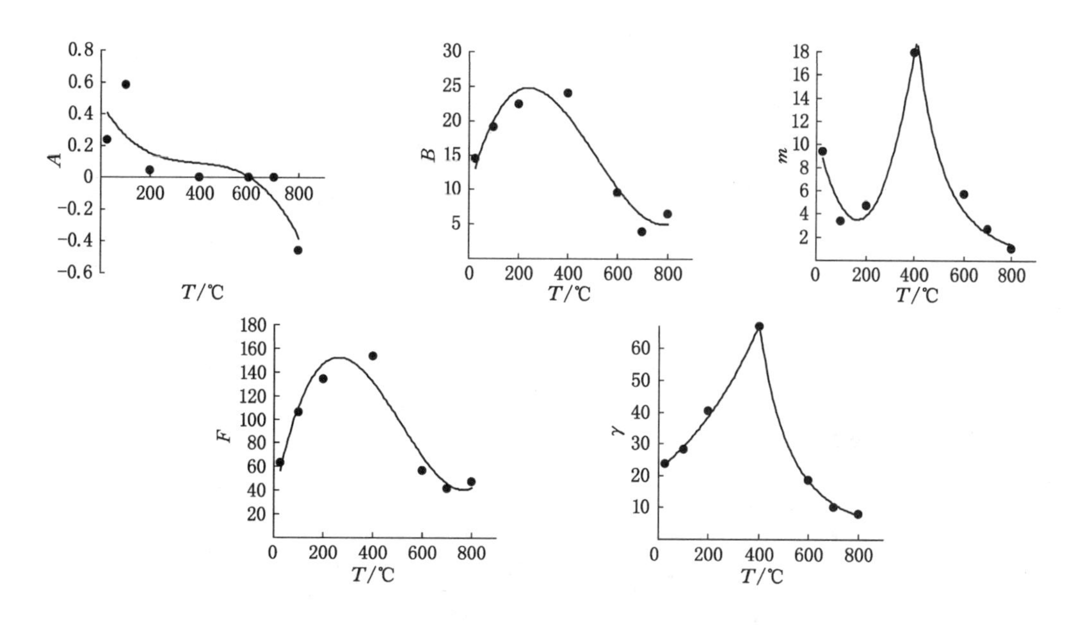

图 5-10 泥岩本构方程参数随温度的变化曲线

化的特点;③ 当 $T<400$ ℃时,参数 m 由 9.398 1(常温)增加到 15.456 9(400 ℃),表现出高温脆化现象,当 $T>400$ ℃,参数 m 随温度不断减小,泥岩的延性特征越显突出;④ 参数 F 和 γ 整体上表现出随温度升高先增加,而后到 400 ℃又开始减小的特点,表明泥岩的平均强度与微裂纹演化应力随温度经历了先增加后减小的过程。

通过对泥岩本构方程参数的求解,得到了不同温度下泥岩应力-应变理论曲线如图 5-11 所示,图 5-12 给出了常温至 800 ℃泥岩试验曲线与理论曲线的比较。通过泥岩试验曲线与理论曲线的对比,可以发现,本书中所建立的本构方程对岩石的应力-应变曲线的拟合程度较好,特别是对岩石峰值应力与峰值应变的确定与试验结果基本一致。

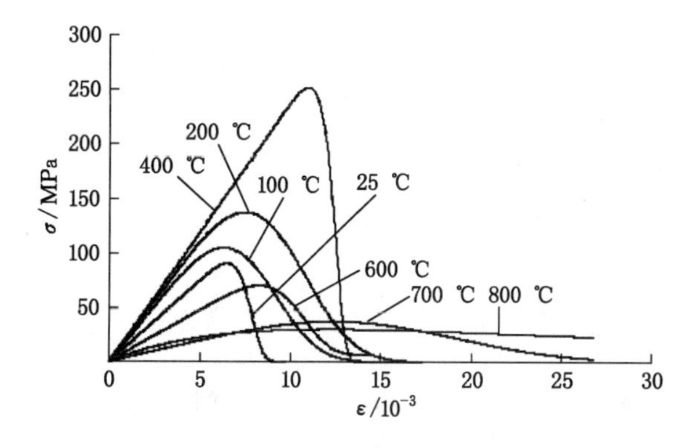

图 5-11 泥岩全应力-应变理论曲线

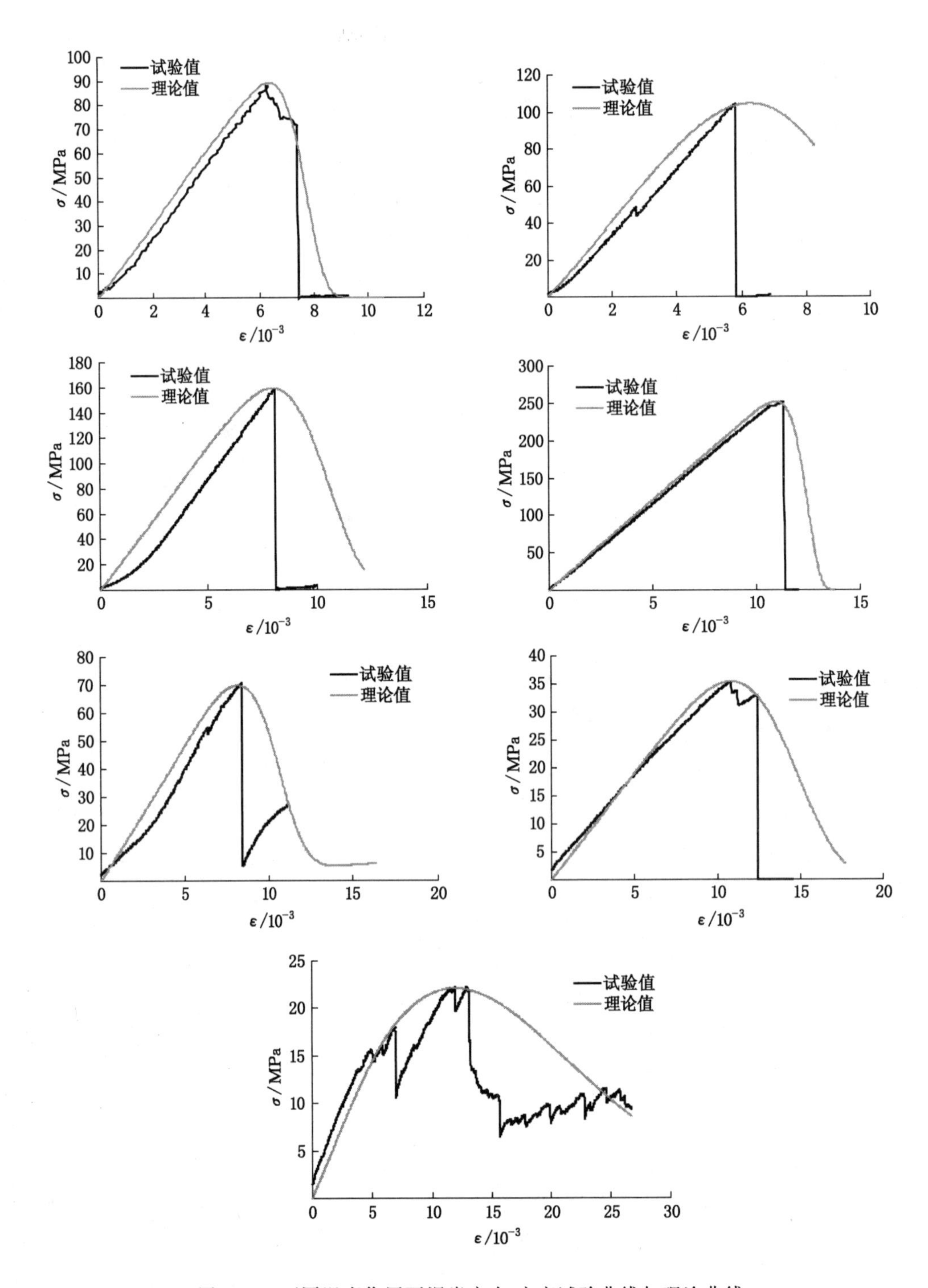

图 5-12　不同温度作用下泥岩应力-应变试验曲线与理论曲线

5.7.2 考虑应变率效应的泥岩损伤本构方程验证

通过对考虑应变率效应的泥岩损伤本构方程参数的求解，得到了不同应变率下泥岩应力-应变理论曲线如图 5-13 所示，图 5-13 给出了常温时加载速率为 3×10^{-3}～3 mm/s 泥岩试验曲线与理论曲线的比较。

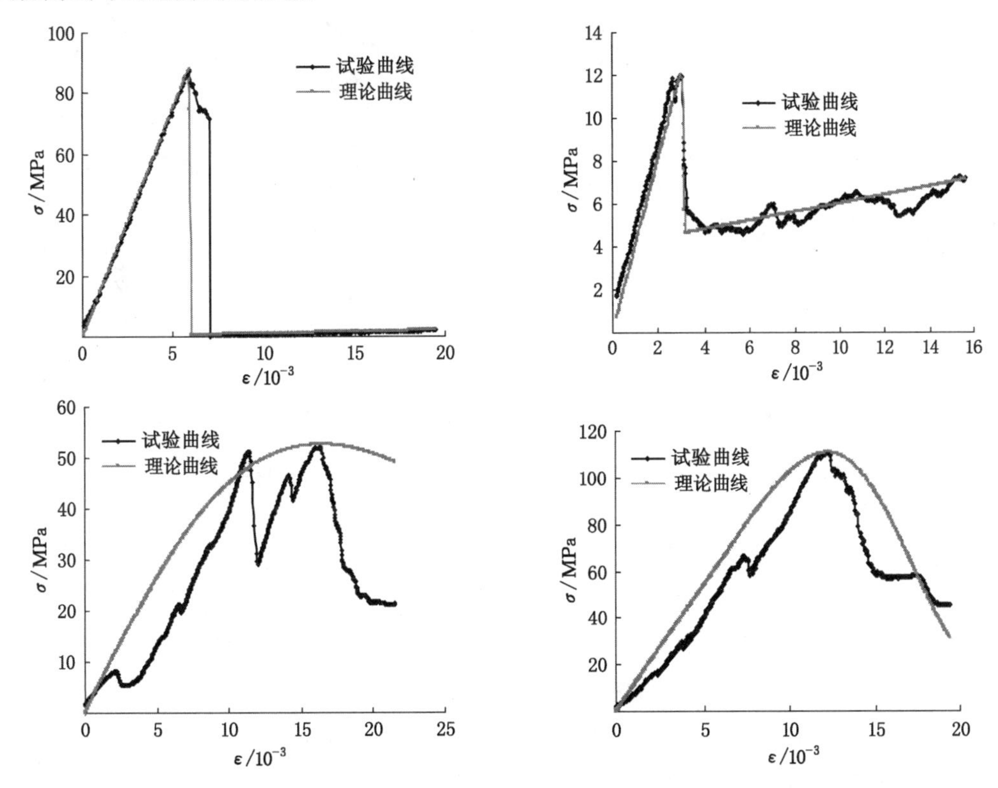

图 5-13 常温下不同应变率条件下应力-应变试验曲线与理论曲线

通过泥岩试验曲线与理论曲线的对比，可以发现，本书中所建立的本构方程对岩石的应力-应变曲线的拟合程度较好。

5.7.3 同时考虑温度及应变率效应的泥岩损伤本构方程验证

通过对考虑温度及应变率效应共同作用下的泥岩损伤本构方程参数的求解，得到了 600 ℃时不同应变率下泥岩应力-应变理论曲线如图 5-14 所示，图 5-14 给出了 600 ℃时加载速率为 3×10^{-3}～3 mm/s 泥岩试验曲线与理论曲线的比较。

分析图 5-14 可知，理论曲线与试验曲线总体形状相类似，理论曲线能够较好反映岩石峰值点处的特征，因而理论曲线反应的割线模量应和实测值基本一致。在达到峰值应力以前，岩石变形呈现出线弹性，而峰值过后，强度迅速下降。

综上所述，从应力-应变实验曲线与理论曲线图中可看出，在相同的应变条件下，大部

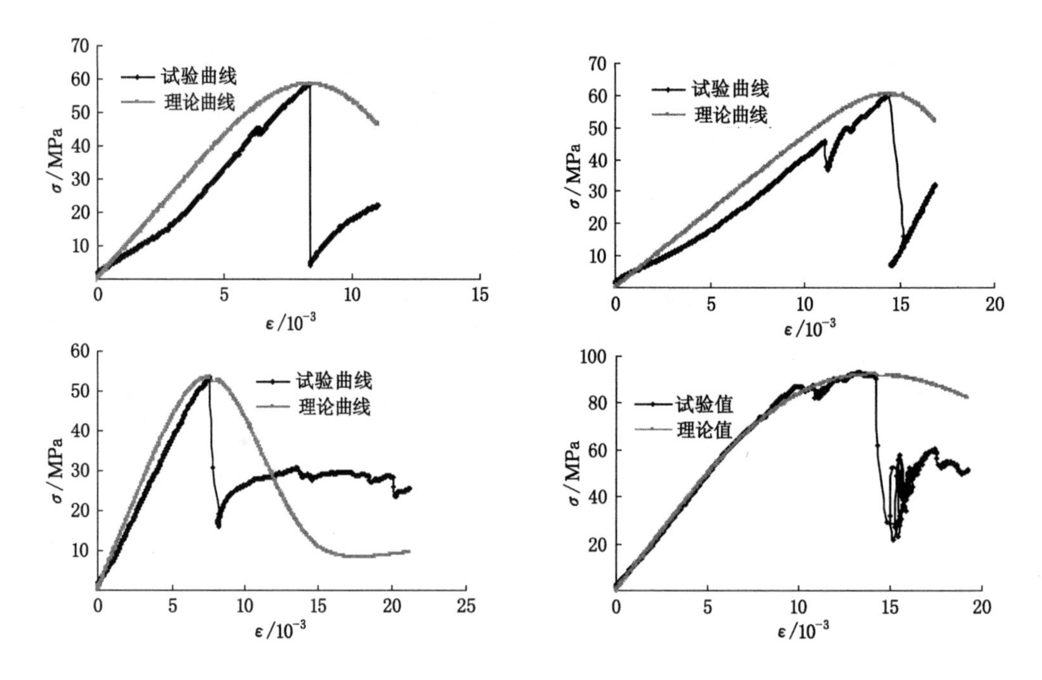

图 5-14　600 ℃时不同应变率条件下应力-应变试验曲线与理论曲线

分理论曲线的应力值比试验值偏大。

产生差异的主要原因如下：

① 由于岩石的峰值应力、峰值应变以及弹性模量的值都是由前面的试验数据拟合得到的，因此数据本身就存在一些偏差。

② 参数 γ 的确定是通过损伤应力极限的形式确定的，在满足损伤阈值应力的情况下，没有考虑到损伤阈值应变对阈值点的约束。

5.8 本章小结

本章以岩石损伤力学与统计强度理论为基础，结合高温及不同加载速率下泥岩单轴压缩试验数据，建立了考虑温度效应、应变率效应及温度与应变率效应共同作用下的泥岩损伤演化方程及本构方程，利用应力-应变曲线的连续性、光滑性及峰值点特征，确定了损伤本构方程参数，并利用高温及不同加载速率下泥岩单轴压缩试验数据对本构方程进行验证。

① 在假设岩石内部微元体的强度 k 服从三参量 Weibull 分布的前提下，建立了考虑温度效应的泥岩损伤演化方程：

$$D(\sigma,T)=\begin{cases}0 & \sigma_1<\sigma_D\\ 1-\exp\left\{-\left[\dfrac{\alpha_0 I_1+\sqrt{J_2}-\gamma_0(1-D_T)}{F_0(1-D_T)}\right]^{m_0(1-D_T)}\right\} & \sigma_1\geqslant\sigma_D\end{cases}$$

对于全应力状态下，考虑应变率效应的泥岩损伤演化方程可以表示为：

$$D(\sigma,\dot{\varepsilon})=\begin{cases}0 & \sigma_1<\sigma_D\\ 1-\exp\left\{-\left[\dfrac{\alpha_0 I_1+\sqrt{J_2}-\gamma(\dot{\varepsilon})}{F_{st}+\eta\dot{\varepsilon}}\right]^{m(\dot{\varepsilon})}\right\} & \sigma_1\geqslant\sigma_D\end{cases}$$

考虑温度及应变率效应共同作用下泥岩损伤演化方程：

$$D(\sigma,\dot{\varepsilon},T)=\begin{cases}0 & \sigma_1<\sigma_D\\ 1-\exp\left\{-\left[\dfrac{\alpha_0 I_1+\sqrt{J_2}-\gamma(\dot{\varepsilon})(1-D_T)}{(F_{st}+\eta\dot{\varepsilon})(1-D_T)}\right]^{m(\dot{\varepsilon})(1-D_T)}\right\} & \sigma_1\geqslant\sigma_D\end{cases}$$

② 在考虑泥岩损伤演化存在一个损伤阈值点的基础上，利用等效应变原理建立了考虑温度效应的泥岩损伤本构方程：

$$\sigma_i=\begin{cases}A(T)\varepsilon_i[\varepsilon_i+B(T)] & 0\leqslant\varepsilon\leqslant\varepsilon_D\\ E(T)\varepsilon_i\left\{1-\delta+\delta\exp\left[-\left(\dfrac{\alpha_0 I_1+\sqrt{J_2}-\gamma(T)}{F_0(T)}\right)^{m(T)}\right]\right\}+\mu(\sigma_j+\sigma_k) & \varepsilon>\varepsilon_D\end{cases}$$

考虑应变率效应的泥岩损伤本构方程：

$$\sigma_i=\begin{cases}A\varepsilon_i(\varepsilon_i+B) & 0\leqslant\varepsilon\leqslant\varepsilon_D\\ E\varepsilon_i\left\{1-\delta+\delta\exp\left[-\left(\dfrac{\alpha_0 I_1+\sqrt{J_2}-\gamma(\dot{\varepsilon})}{F_{st}+\eta\dot{\varepsilon}}\right)^{m(\dot{\varepsilon})}\right]\right\}+\mu(\sigma_j+\sigma_k) & \varepsilon>\varepsilon_D\end{cases}$$

考虑温度效应及应变率效应共同作用下的泥岩损伤本构方程：

$$\sigma_i=\begin{cases}A\varepsilon_i(\varepsilon_i+B) & 0\leqslant\varepsilon\leqslant\varepsilon_D\\ E\varepsilon_i\left\{1-\delta+\delta\exp\left[-\left[\dfrac{\alpha_0 I_1+\sqrt{J_2}-\gamma(\dot{\varepsilon})(1-D_T)}{(F_{st}+\eta\dot{\varepsilon})(1-D_T)}\right]^{m(\dot{\varepsilon})(1-D_T)}\right]\right\}+\mu(\sigma_j+\sigma_k) & \varepsilon>\varepsilon_D\end{cases}$$

该模型可以较好地描述泥岩在温度及加载速率条件下受力变形特点，理论预测曲线与试验曲线具有较好的一致性。

③ 利用应力-应变曲线的连续性及光滑性，通过应力-应变曲线全过程的特征参量（峰值应力、峰值应变、损伤阈值等）确定了损伤本构方程参数表达式，所确定的本构方程参数具有明确的物理意义。

6　高温作用下泥岩的蠕变特性

岩石流变是岩土工程围岩变形失稳的重要原因之一，工程实践表明，地下岩石工程的失稳破坏现象，在很多情况下并不是地下工程一开挖就立刻出现的，而是要经过一段或很长的时间演化过程，如果仅仅利用弹性或弹塑性理论去描述岩石的力学性能存在着明显的缺陷与不足。岩石流变力学研究的目的是在全面反映岩体流变本构属性的基础上，通过试验分析和数值解析计算，求得岩体内随时间增长发展的应力、应变及其作用的时间历程，为流变岩体的稳定性做出符合工程实际的正确评价。在第 2 章中看到，在高温作用下泥岩的力学性质发生很大变化，特别是在 600～800 ℃高温状态下，泥岩的应力-应变曲线呈现出弹-延-蠕变性，可见岩石变形的时间效应与环境温度有着很大的联系。深入了解和研究岩石蠕变变形及其破坏规律，对于地下岩石工程具有重要意义。

6.1　岩石的流变特性

“流变”一词，源自古希腊哲学家赫拉克利特的理念，意即“万物皆流”。简而言之，所有的工程材料都具有一定的流变特性，岩土类材料也不例外。岩石的流变力学特性，指一定的外载作用（如温度、应力、湿度等）下，岩石矿物组构（骨架）随时间增长而不断调整重组，应力-应变特征随时间不断改变的过程与现象。岩石的流变特征主要包括以下几个方面：

① 蠕变特性。在恒定载荷作用下，岩石材料总应变随时间推移而逐渐增长的现象。岩石蠕变特性与岩石工程的关系最为密切，这一方面的研究工作也最具重要性和工程实用价值。

② 应力松弛特性。在恒定岩石变形量下，岩石材料内部应力随时间推移有一定程度

衰减变化的过程。

③ 黏性流动。蠕变一段时间后卸载，部分应变不可恢复的现象。

④ 长期强度。使岩石蠕变变形类型由趋稳蠕变类型向典型蠕变类型转变的临界应力。

⑤ 黏滞效应。岩石的黏滞效应包括弹性后效和滞后效应两部分：a. 滞后效应，岩石材料在载荷作用下，会瞬时产生一定的弹性变形，随着时间的推移仍然存在着后续变形增加，这部分变形仍然属于弹性变形的范畴。b. 弹性后效，对于在一定的应力水平持续作用下的岩石材料，在卸荷瞬时会有一定的弹性变形恢复，但存在一部分的弹性变形恢复需要一定的时间来缓慢完成，其弹性变形随时间是逐渐恢复的。

岩石在长期恒定载荷作用下的蠕变变形特征可以由受载时刻的瞬时弹性变形 ε_0 以及随时间变化的蠕变变形 $\varepsilon(t)$ 两部分来描述，即：

$$\varepsilon=\varepsilon_0+\varepsilon(t) \tag{6-1}$$

岩石的蠕变状态与其矿物组构、温度环境、应力状态、湿度条件等相关。图 6-1 给出了岩石在应力状态作用下不同形态的蠕变过程曲线。整体上可以分为如下三类：

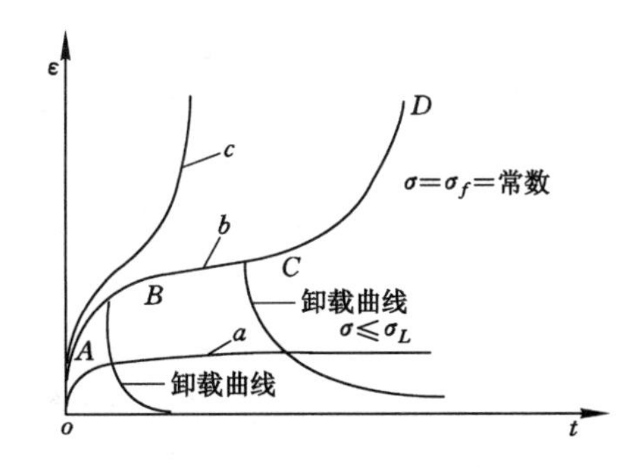

图 6-1 恒定应力条件作用下的理想蠕变曲线

① 趋稳蠕变类型（a 曲线） 在较低的应力水平下，岩石的蠕变曲线值出现衰减速变形阶段（AB 段）及等速蠕变变形阶段（BC 段）两个阶段。当应力水平低于某一限值 σ_L 时，有可能不发生蠕变变形，通常这个限值 σ_L 称为蠕变下限。曲线的 AB 段，岩石的应变率不断减小，曲线呈现上凸形，即：

$$\frac{\mathrm{d}\dot{\varepsilon}}{\mathrm{d}t}<0,\quad \frac{\mathrm{d}\varepsilon}{\mathrm{d}t}>0 \tag{6-2}$$

在 AB 阶段卸载，试样可以瞬时恢复部分弹性变形，而一部分的黏弹性变形恢复需要一定的时间来缓慢完成，最终弹性变形完全恢复。曲线的 BC 段，岩石的应变率近似为一常数或零，曲线呈直线形，即：

$$\frac{\mathrm{d}\dot{\varepsilon}}{\mathrm{d}t}=0,\quad \frac{\mathrm{d}\varepsilon}{\mathrm{d}t}=\mathrm{const} \tag{6-3}$$

在 BC 阶段卸载，试样可以瞬时恢复部分弹性变形，而一部分的黏弹性变形恢复需要一定的时间来缓慢完成，但试样的变形不能完全恢复，保留一定的不可恢复的黏塑性变形。

② 典型蠕变类型(b 曲线)　在一定的应力水平下，岩石蠕变曲线除出现衰减速变形阶段(AB 段)及等速蠕变形阶段(BC 段)两个阶段外，经过一定的时间积累会过渡到加速蠕变阶段(CD 段)，在 CD 段，岩石的应变率呈非线性增长，蠕变曲线呈下凹形，即：

$$\frac{\mathrm{d}\dot{\varepsilon}}{\mathrm{d}t} > 0, \quad \frac{\mathrm{d}\varepsilon}{\mathrm{d}t} > 0 \tag{6-4}$$

③ 失稳蠕变类型(c 曲线)　在较高的应力水平下，岩石蠕变曲线经过一定时间的衰减速变形阶段后，很快发展到加速蠕变阶段。

6.2 高温作用下泥岩蠕变特性的试验测定

6.2.1 试验方法

岩石的蠕变试验按照加载方式的不同可以分为：等载荷蠕变与分级载荷蠕变。等载荷蠕变试验过程中岩石试样所承受的载荷值不变，在相同的试验器材条件下，对同组岩样施加不同的载荷水平进行试验，得到一簇不同应力水平下岩石的蠕变曲线。等载荷蠕变不受加载历史的影响，但由于岩石试样自身具有离散性，导致蠕变曲线具有一定的离散性。分级载荷蠕变试验是在同一个试样上逐级加载，在每一级载荷保持一定的时间，得到不同应力水平下试样的蠕变曲线。对于同一试样进行试验，离散性较小。

考虑到试验条件及时间因素，文中高温作用下泥岩的单轴蠕变试验采用分级载荷蠕变试验方法。

分级蠕变试考虑了岩石材料加载过程的记忆性，利用 Boltzmann 线性叠加原理，认为在某一级载荷作用下，其任意时刻的蠕变量是前面各级载荷对应时刻蠕变量的叠加，通过时间坐标的平移使得各级加载时刻作为各级应力水平蠕变试的开始时刻，达到理论上可用性强的等载荷蠕变曲线形式。分级蠕变试验数据处理如图 6-2 所示。

6.2.2 试验步骤

该试验选取的泥岩试样为直径 20 mm、高 45 mm 的圆柱形试样，试验装置采用 MTS810 电液伺服材料试验系统以及与之配套的 MTS652.02 高温环境炉。

从高温状态下岩石单轴压缩试验中我们得到了不同温度下泥岩的瞬时强度，同时发现在温度大于 700 ℃以后，泥岩的应力-应变曲线呈现一定的弹-延-蠕变性特点，也就是说此时泥岩的蠕变特性较常温下有着很大的不同。鉴于时间及成本因素，本书设计了考虑泥岩试样在常温(25 ℃)及 700 ℃两种温度条件下泥岩分级载荷蠕变试验方案。根据第 2 章得到的泥岩在常温(25 ℃)及 700 ℃温度作用下的瞬时强度，设计第一级载荷约为

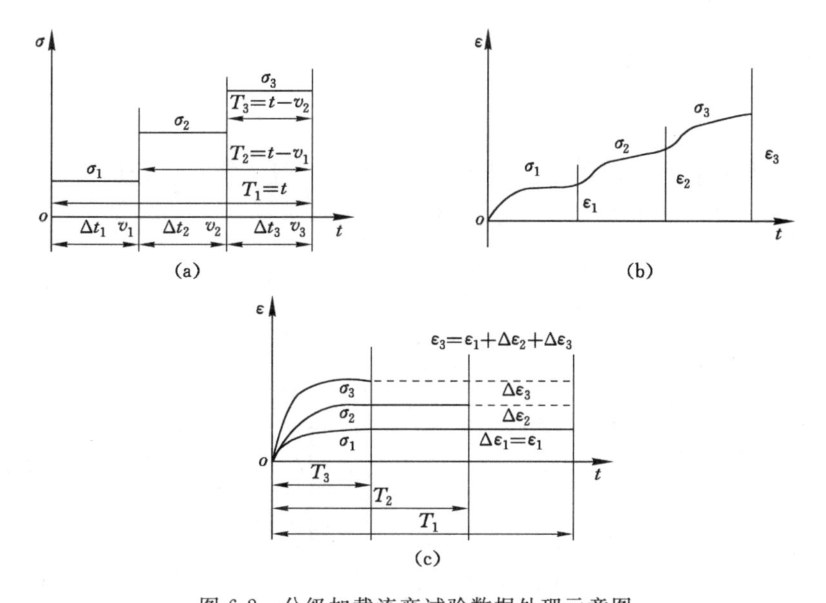

图 6-2 分级加载流变试验数据处理示意图

(a) 分级载荷;(b) 各级增长蠕变曲线;(c) 各级载荷下的总蠕变应变

峰值应力的 40%,最后一级载荷约为峰值应力的 80%,然后在第一级载荷与最后一级载荷间划分 3～4 个应力水平。每一级载荷保持 1 800 s,加载过程采用载荷控制,加载速率 0.1 kN/s,经过最后一级载荷后,将加载条件转变为位移加载直至岩样破坏。

泥岩单轴蠕变试验步骤如下:

① 选取泥岩试样,对泥岩试样进行描述填入记录表格,用记号笔编号,拍摄试样形态。

② 测量试样尺寸(试件直径应在其高度中部两个互相垂直的方向量测,取算术平均值)填入记录表内。

③ 对每块岩样侧面采用石棉包裹,然后放入高温环境炉中对其进行加热。按 2 ℃/s 的升温速率加温至设定温度 700 ℃,并恒温 0.5 h。

④ 对恒温下岩样进行单轴压缩蠕变试验。

a. 加轴压至第一级载荷(3.0 kN),恒载 1 800 s;

b. 加轴压至第二级载荷(6.5 kN),恒载1 800 s;

c. 加轴压至第三级载荷(6.0 kN),恒载 1 800 s;

d. 加轴压至第四级载荷(7.5 kN),恒载 1 800 s;

e. 位移加载至岩样破坏。

⑤ 记录保存数据,取出岩样,拍摄岩样破坏后形态。

试验过程流程图如图 6-3 所示。

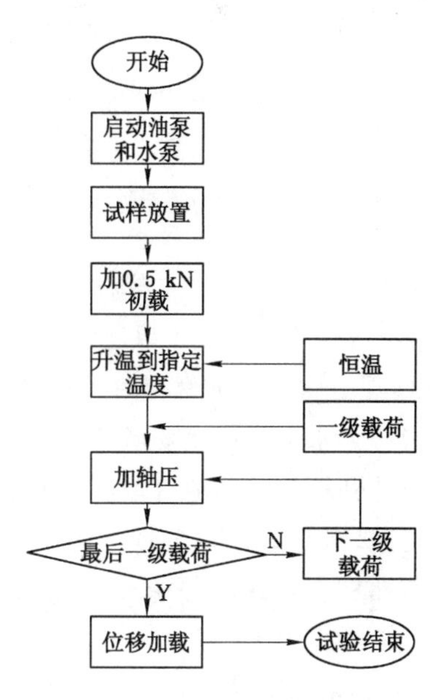

图 6-3 单轴蠕变试验流程图

6.2.3 试验结果与分析

6.2.3.1 泥岩的蠕变试验曲线

根据试验得到泥岩试样在不同轴向载荷作用下轴向应变 ε 与其相应时间 t 的数据，绘制了在不同温度环境下泥岩的轴向应变时程曲线及蠕变应变时程曲线，如图 6-4 及图 6-5所示。

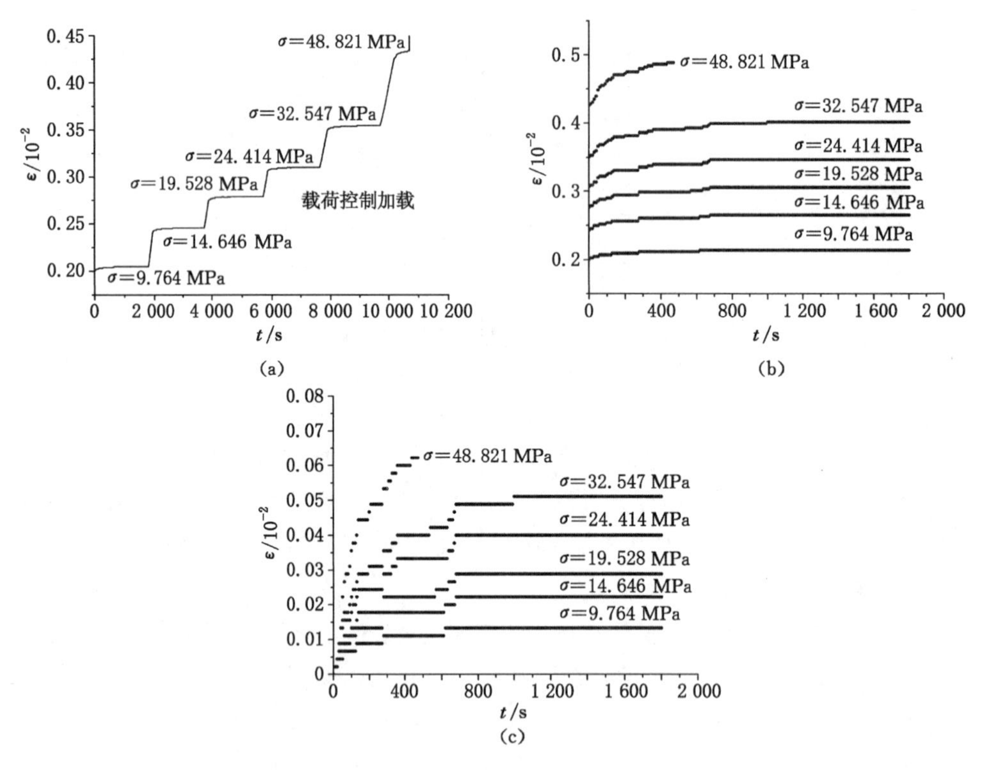

图 6-4 常温下泥岩分级蠕变曲线

(a) 分级载荷下应变时程曲线；(b) 各级载荷下应变时程曲线；(c) 各级载荷下蠕变应变时程曲线

6.2.3.2 泥岩的蠕变特征分析

由图 6-4 及图 6-5 可以看出：

① 泥岩常温时的蠕变曲线只出现了减速蠕变阶段。在低轴压作用下，泥岩轴线应变在各级应力水平下蠕变变形到一定时间后基本保持恒定，蠕变变形不再增加，并且岩样的变形达到稳定时间随着轴压的增加而不断增大，特别是在轴压增加到 24.414 MPa 后，稳定时间增加迅速(图 6-6)；当轴压增加到 48.821 MPa 后，试样经历一定时间的减速蠕变后突然蠕变破裂，丧失承载能力，即在 48.821 MPa 轴压作用下，泥岩蠕变失稳，稳定时间可以认为无限大。

② 在常温状态下，当应力没有超过某个极限水平时，蠕变速度会逐渐趋于零。如图 6-6 所示，在 700 ℃高温状态下，泥岩的蠕变曲线出现了减速蠕变阶段及等速蠕变阶

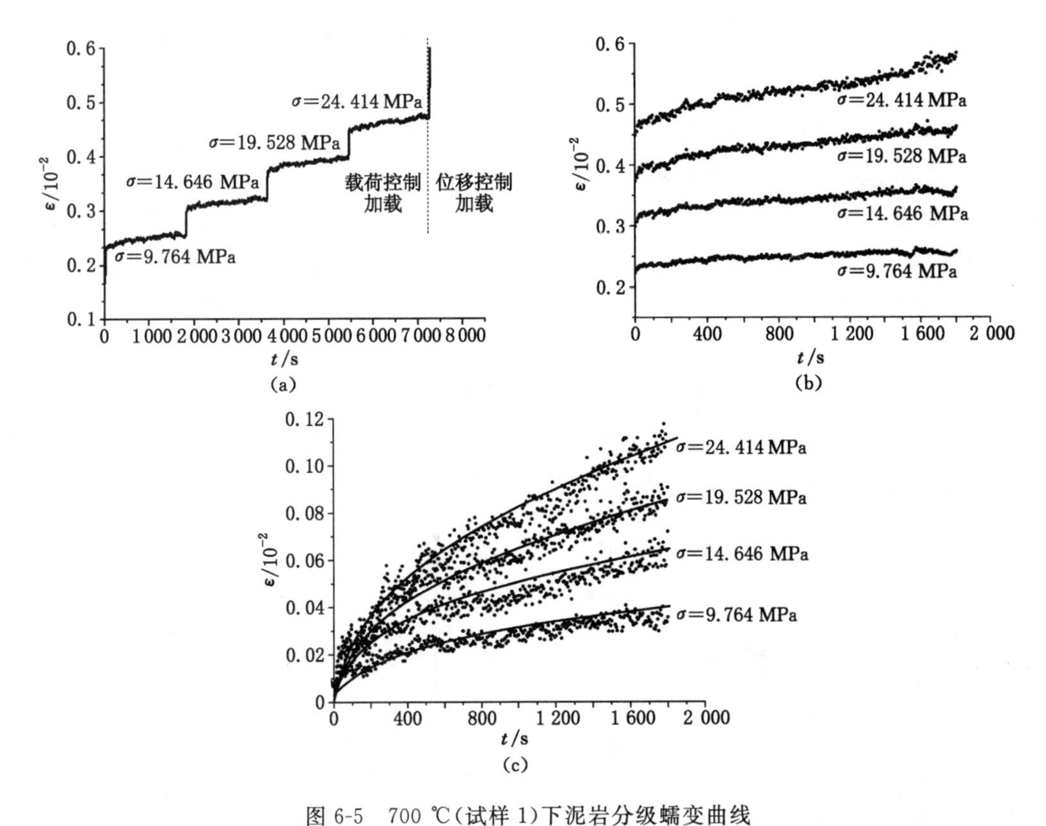

图 6-5　700 ℃(试样 1)下泥岩分级蠕变曲线

(a) 分级载荷下应变时程曲线;(b) 各级载荷下应变时程曲线;(c) 各级载荷下蠕变应变时程曲线

段,并且随着轴压的增加,泥岩的蠕变速率显著增高。与常温下泥岩的蠕变曲线相比,高温状态下泥岩的减速蠕变阶段时间较短,大约经历 200～400 s 的减速蠕变阶段后便过渡到等速蠕变阶段,且轴压越大所需的时间越短。

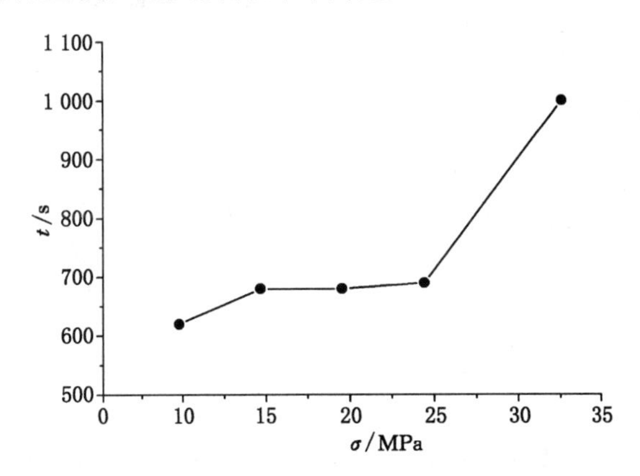

图 6-6　常温下泥岩试样蠕变稳定时间随轴压的变化曲线

③ 泥岩的变形包含应力作用下的瞬时弹性变形及蠕变变形两部分,并且泥岩的瞬时

弹性变形与应力水平有着很好的线性关系，因此泥岩变形基本形式可以写成：

$$\varepsilon(t)=\varepsilon_0(\sigma,T)+\varepsilon_{cr}(\sigma,T,t) \tag{6-5}$$

式中，$\varepsilon_0(\sigma,T)$为瞬时弹性应变，$\varepsilon_{cr}(\sigma,T,t)$为蠕变应变。

6.2.3.3 应变-应力等时曲线

利用泥岩的蠕变曲线，取出不同时刻下的应力、应变值，以应变值为纵轴，应力值为横轴绘制不同时刻对应的应变-应力等时曲线图，图 6-7 给出了泥岩在常温及 700 ℃时，泥岩试样在 0 s、200 s、400 s、800 s、1 600 s 时刻的应变-应力等时曲线图。可以看出：

① 在低应力水平下，常温时应变-应力等时曲线呈现明显的上凸形，即泥岩试样在常温状态下存在明显的压密阶段；高温（700 ℃）应变-应力等时曲线为上凸的曲率较小，即泥岩试样在高温状态下无明显的压密阶段。

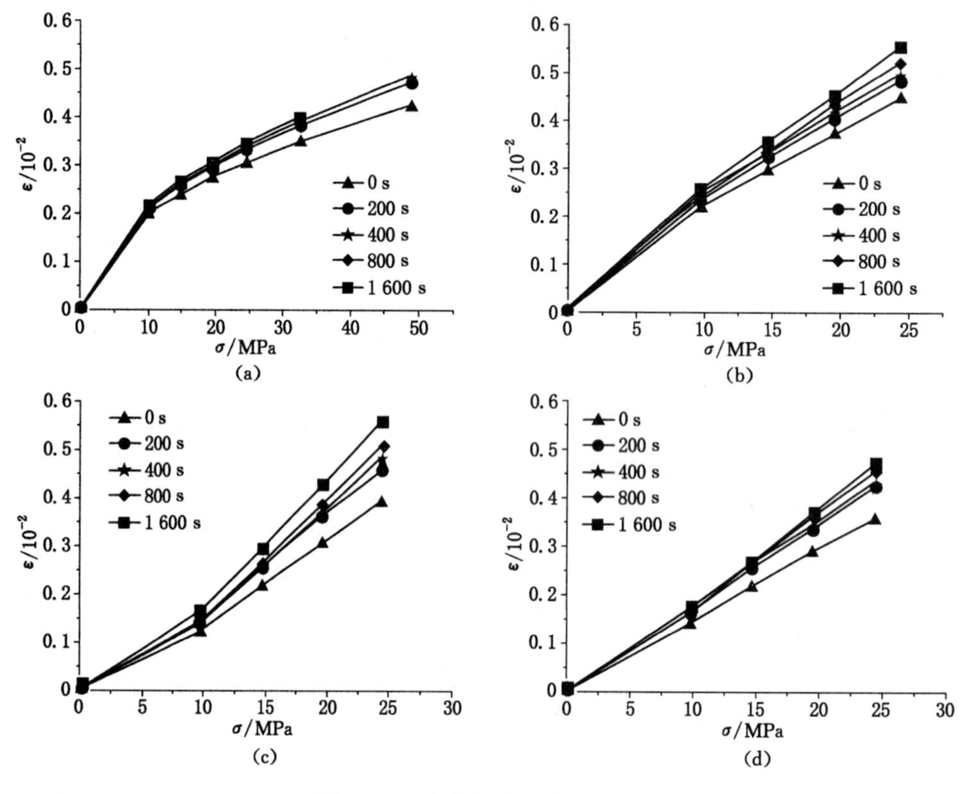

图 6-7 泥岩应变-应力等时曲线

(a) 25 ℃(0#)；(b) 700 ℃(1#)；(c) 700 ℃(2#)；(d) 700 ℃(3#)

② 随着蠕变时间的延长，应变-应力等时曲线不断地向上偏移。常温状态下当蠕变时间超过 200 s 以后，应变-应力等时曲线向上偏移的幅度较小，而 700 ℃高温状态下应变-应力等时曲线在各时间点均有显著偏移。为反映泥岩的变形能力与蠕变时间的关系，定义应变-应力曲线直线段斜率的倒数为平均蠕变模量$(E_{AV})_{cr}$。显然，随着蠕变时间的

增加，平均蠕变模量在不断降低(表 6-1 及图 6-8)，尤其是对于高温(700 ℃)作用下的泥岩试样。

表 6-1 平均蠕变模量$(E_{AV})_{cr}$随蠕变时间t的变化规律

试样	时间 t/s				
	0	200	400	800	1 600
0#	13.78	12.01	11.39	11.09	11.01
1#	6.47	5.84	5.68	5.49	6.90
2#	5.44	6.55	6.28	6.01	3.67
3#	6.69	5.58	5.52	5.28	5.04

注：$(E_{AV})_{cr}$单位为 GPa；0# 为 25 ℃的试样；1#、2#、3# 均为 700 ℃的试样。

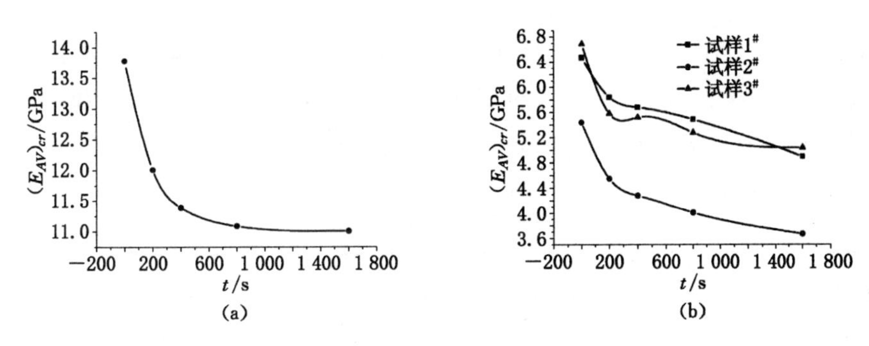

图 6-8 泥岩蠕变模量随蠕变时间变化曲线

(a) 25 ℃；(b) 700 ℃

6.2.3.4 变形特征分析

观察泥岩的蠕变曲线，我们不难看出：岩样的轴向应变由受载时刻的瞬时弹性应变ε_0以及随时间变化的蠕变应变$\varepsilon_{cr}(t)$两部分组成。表 6-2 及图 6-9 给出了泥岩试样在各级载荷作用下瞬时弹性应变值。随着轴压的增大，泥岩的瞬时弹性应变近似按线性规律增加，且 700 ℃高温状态下泥岩试样的瞬时弹性应变增长率明显高于常温状态下。

表 6-2 瞬时弹性应变ε_0随轴压的变化规律

试样	载荷 σ/MPa					
	9.764	16.646	19.528	26.414	32.547	48.821
0#	0.200 2	0.242 7	0.276 5	0.306 5	0.350 5	0.426 1
1#	0.222 5	0.299 2	0.373 2	0.449 1	—	—
2#	0.125 1	0.216 1	0.307 6	0.394 3	—	—
3#	0.143 1	0.218 1	0.292 4	0.361 9	—	—

注：表中的数据为$\varepsilon_0/10^{-2}$；0# 为 25 ℃的试样；1#、2#、3# 均为 700 ℃的试样。

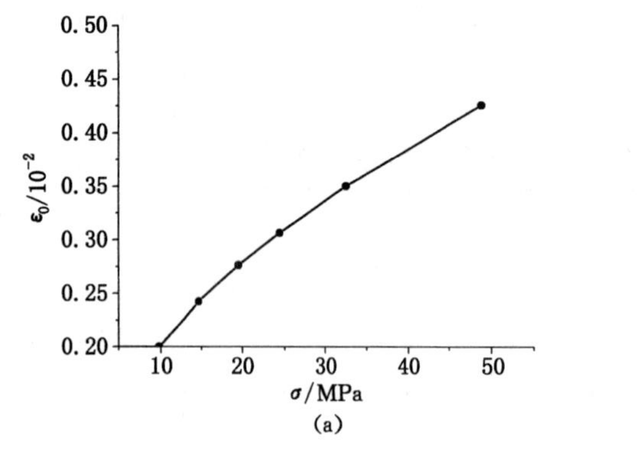

(a)

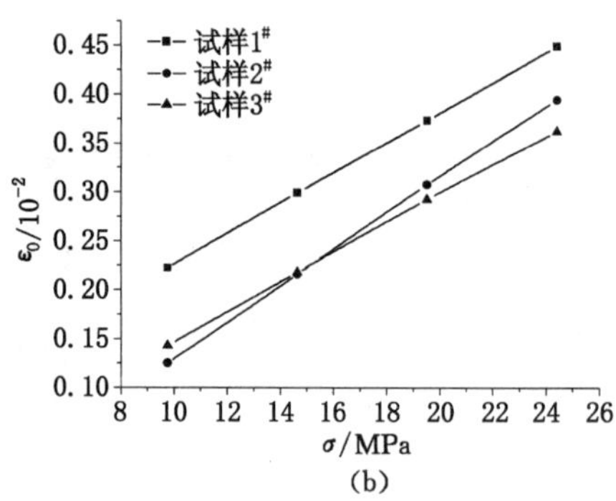

(b)

图 6-9 瞬时弹性应变随轴压的变化曲线

(a) 25 ℃;(b) 700 ℃

表 6-3 及图 6-10 给出了泥岩试样在各级载荷作用 1 800 s 后蠕变应变 ε_{cr} 的变化规律。可以看出,随着轴压的增加,泥岩的蠕变变形量不断增大,且轴压越大蠕变变形增加越显著。此外,700 ℃高温状态下蠕变变形量明显高于常温。

表 6-3 蠕变应变 ε_{cr} 随轴压的变化规律

试样	载荷 σ/MPa				
	9.764	16.646	19.528	26.414	32.547
0#	0.013 3	0.022 2	0.028 9	0.040 0	0.051 1
1#	0.035 6	0.062 0	0.090 5	0.151 7	—
2#	0.083 04	0.130 6	0.174 5	0.226 6	—
3#	0.037 7	0.051 7	0.074 4	0.120 8	—

注:表中的数据为 $\varepsilon_0/10^{-2}$;0# 为 25 ℃的试样;1#、2#、3# 均为 700 ℃的试样。

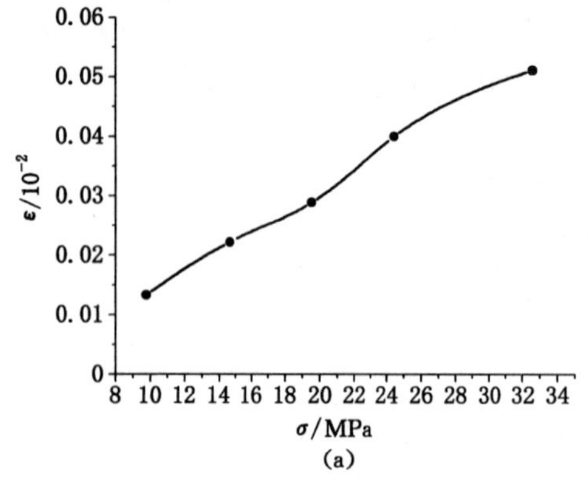

(a)

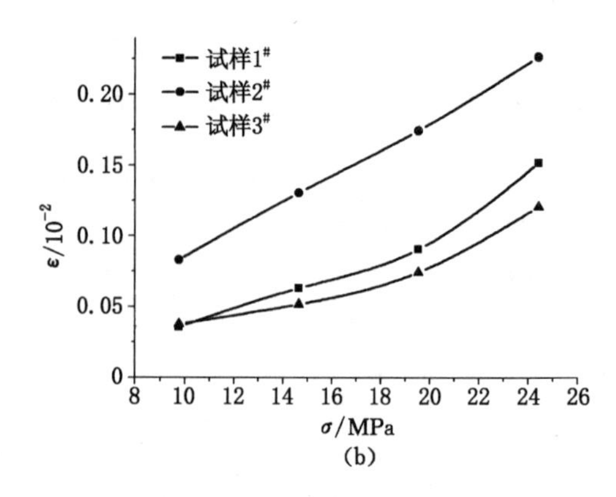

(b)

图 6-10 蠕变应变随轴压的变化曲线

(a) 25 ℃;(b)700 ℃

6.3 高温作用下泥岩蠕变方程

6.3.1 经验蠕变方程

岩石的力学模型建立是以试验数据的统计分析为基础，在本节中，通过试验数据拟合得到泥岩在不同温度及应力水平作用下蠕变的经验公式。分析发现：

① 在泥岩试样断裂破坏前，当泥岩的蠕变曲线只包含减速蠕变阶段，可以用衰减指数函数拟合，即：

$$\varepsilon(t) = A + B\exp(-t/t_0) \tag{6-6}$$

当泥岩的蠕变曲线包含减速蠕变阶段与等速蠕变阶段，可以用对数曲线拟合，即：

$$\varepsilon(t) = A + B\ln(t + t_0) \tag{6-7}$$

式中，A、B 及 t_0 为与应力、温度相关的材料常数。

通过对试验数据的拟合得到常温及 700 ℃时泥岩的经验方程如表 6-4 所示。

表 6-4 蠕变经验方程

温度 T/℃	应力 σ/MPa	经验方程	试验参数			相关系数 R^2
			A	B	t_0	
25 ℃	9.764	$\varepsilon(t) = A + B\exp(-t/t_0)$	0.213 6	−0.010 62	237.556	0.945 9
	16.646		0.265 1	−0.018 64	277.395	0.952 3
	19.528		0.305 6	−0.024 84	286.167	0.954 7
	16.414		0.346 7	−0.035 72	256.453	0.965 4
	32.547		0.401 8	−0.451 00	291.780	0.973 9
700 ℃	9.764	$\varepsilon(t) = A + B\ln(t + t_0)$	0.165 5	0.012 14	222.694	0.894 8
	16.646		0.053 2	0.038 81	889.83	0.918 2
	19.528		0.152 9	0.039 35	410.03	0.941 9
	16.414		0.038 9	0.066 40	616.82	0.954 3

② 在较高应力作用下，包含减速蠕变及加速蠕变两个阶段，可以采用曲线方程 $y = A[B(x-c)]^3 + d$ 拟合。本次试验中，常温下泥岩试样在 48.821 MPa 轴压作用下，出现蠕变破坏现象，拟合得到蠕变方程为：

$$\varepsilon(t) = 0.002\,1 \times [0.011\,4 \times (t - 255)]^3 + 0.514\,7 \tag{6-8}$$

6.3.2 蠕变理论模型

为了用蠕变模型来描述不同温度下泥岩的压缩蠕变性质，对试验所得的蠕变曲线做如下分析：

① 不同温度及应力水平作用下,应变时程曲线都存在一个瞬时弹性应变。

② 试验结果显示,当施加的应力水平相对岩石的峰值应力较低时,岩石的蠕变速率持续衰减,而当施加的应力达到或者大于某个极限值时,蠕变速率会维持在某个定值或者不断增加,我们定义这个极限值为蠕变应力阈值 σ_s。

常温状态下,当应力水平小于 σ_s 时,应变速率随时间不断减小,应变趋于某一定值,与三参量固体模型的应变时间曲线类似。当应力水平等于或者大于 σ_s 时,应变随时间不收敛于某一定值,而是逐渐增大,与 Burger 流体模型的应变时程曲线类似。

③ 在高温状态下,应变随时间逐渐增大,表现出黏性流体的特征。

通过以上的分析,可以看出泥岩的蠕变流动性不仅与应力状态相关,温度对其也有着很大的影响。泥岩试样在低应力作用下,常温环境为黏性固体特征,高温环境为黏性流体特征。也就是说随着温度的升高,泥岩不断由黏性固体向黏性流体特征发展,假设在这个过程中存在一个温度阈值 T_f,当温度小于 T_f 时,在低应力下表现为黏性固体,当温度大于 T_f 时,即使应力很小也具有黏流特性,且随着温度提高,黏滞系数不断减小。即:

$$\eta_3 = \eta_3(T) = \begin{cases} \infty & T < T_f \\ f(T) & T > T_f \end{cases} \tag{6-9}$$

为了反映温度对泥岩蠕变性质的影响,在西原模型的基础上串联一个与温度相关的黏滞阻尼器 $\eta_3 = \eta_3(T)$,得到考虑温度效应的泥岩蠕变理论模型(图 6-11)。

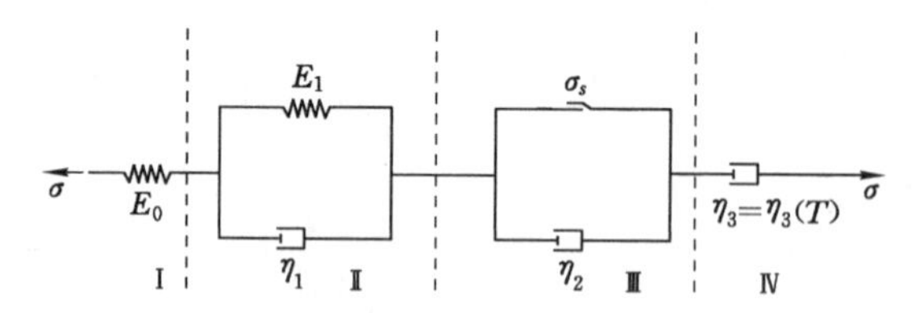

图 6-11 考虑温度效应的蠕变模型

考虑一般情况,为了使每个元件都发挥其作用,假设 $\sigma > \sigma_s$,$T > T_f$,此时其基本物理关系有:

$$\varepsilon = \varepsilon_0 + \varepsilon_1 + \varepsilon_2 + \varepsilon_3 \tag{6-10}$$

$$\varepsilon_0 = \frac{\sigma}{E_0} \tag{6-11}$$

$$\sigma = E_1 \varepsilon_1 + \eta_1 \dot{\varepsilon}_1 \tag{6-12}$$

$$\sigma = \sigma_s + \eta_2 \dot{\varepsilon}_2 \tag{6-13}$$

$$\sigma = \eta_3 \dot{\varepsilon}_3 \tag{6-14}$$

对式(6-10)~式(6-14)分别进行 Laplace 变换,得到:

$$\bar{\varepsilon} = \bar{\varepsilon}_0 + \bar{\varepsilon}_1 + \bar{\varepsilon}_2 + \bar{\varepsilon}_3 \tag{6-15}$$

$$\bar{\varepsilon}_0 = \frac{\bar{\sigma}}{E_0} \tag{6-16}$$

$$\bar{\sigma} = E_1\bar{\varepsilon}_1 + \eta_1 s\bar{\varepsilon}_1 \tag{6-17}$$

$$\bar{\sigma} = \bar{\sigma}_s + \eta_2 s\bar{\varepsilon}_2 \tag{6-18}$$

$$\bar{\sigma} = \eta_3 s\bar{\varepsilon}_3 \tag{6-19}$$

式中，$\bar{\sigma}_s$ 是 σ_s 对应的 Laplace 变换，s 为变换参量。

将式(6-16)～式(6-19)代入式(6-15)，可得：

$$\bar{\varepsilon} = \frac{\bar{\sigma}}{E_0} + \frac{\bar{\sigma}}{E_1 + \eta_1 s} + \frac{\bar{\sigma} - \bar{\sigma}_s}{\eta_2 s} + \frac{\bar{\sigma}}{\eta_3 s} \tag{6-20}$$

经过通分和化简后：

$$E_0E_1\eta_2\eta_3 s^2\bar{\varepsilon} + E_0\eta_1\eta_2\eta_3 s^3\bar{\varepsilon} = (E_0E_1\eta_2 + E_0E_1\eta_3)s\bar{\sigma} + (E_1\eta_2\eta_3 + E_0\eta_2\eta_3 + E_0\eta_1\eta_3 + E_0\eta_1\eta_2)s^2\bar{\sigma} + \eta_1\eta_2\eta_3 s^3\bar{\sigma} - E_0\eta_3(E_1 + \eta_1 s)s\bar{\sigma}_s \tag{6-21}$$

由此可以得到该模型的本构关系式为：

$$q_2\ddot{\varepsilon} + q_3\dddot{\varepsilon} = p_1\dot{\sigma} + p_2\ddot{\sigma} + p_3\dddot{\sigma} - A \tag{6-22}$$

其中，$q_2 = E_0E_1\eta_2\eta_3$，$q_3 = E_0\eta_1\eta_2\eta_3$，$p_1 = E_0E_1\eta_2 + E_0E_1\eta_3$，$p_2 = E_1\eta_2\eta_3 + E_0\eta_2\eta_3 + E_0\eta_1\eta_3 + E_0\eta_1\eta_2$，$p_3 = \eta_1\eta_2\eta_3$，$A$ 是 $E_0\eta_3(E_1 + \eta_1 s)s\bar{\sigma}_s$ 的 Laplace 逆变换。

6.3.3 蠕变方程

为了讨论模型的蠕变行为，考虑应力 $\sigma(t) = \sigma_0 H(t)$ 作用下的响应。将 $\bar{\sigma} = \sigma_0/s$ 代入式(6-21)：

$$\bar{\varepsilon} = \frac{[(E_0E_1\eta_2 + E_0E_1\eta_3) + (E_1\eta_2\eta_3 + E_0\eta_2\eta_3 + E_0\eta_1\eta_3 + E_0\eta_1\eta_2)s + \eta_1\eta_2\eta_3 s^2]\sigma_0 - E_0\eta_3(E_1 + \eta_1 s)\sigma_s}{E_0E_1\eta_2\eta_3 s^2 + E_0\eta_1\eta_2\eta_3 s^3} \tag{6-23}$$

再对上式进行逆变换，得到：

$$\varepsilon(t) = \frac{\sigma_0}{E_0} + \frac{\sigma_0}{E_1}(1 - e^{\frac{-E1t}{\eta1}}) + \frac{\sigma_0 - \sigma_s}{\eta_2}t + \frac{\sigma_0}{\eta_3}t \tag{6-24}$$

考虑到温度和应力的大小，该模型的蠕变方程可以分类写为：

$$\varepsilon(t) = \begin{cases} \frac{\sigma_0}{E_0} + \frac{\sigma_0}{E_1}(1 - e^{\frac{-E1t}{\eta1}}) & T < T_f, \sigma < \sigma_s \quad (1) \\ \frac{\sigma_0}{E_0} + \frac{\sigma_0}{E_1}(1 - e^{\frac{-E1t}{\eta1}}) + \frac{\sigma_0 - \sigma_s}{\eta_2}t & T < T_f, \sigma > \sigma_s \quad (2) \\ \frac{\sigma_0}{E_0} + \frac{\sigma_0}{E_1}(1 - e^{\frac{-E1t}{\eta1}}) + \frac{\sigma_0}{\eta_3}t & T > T_f, \sigma < \sigma_s \quad (3) \\ \frac{\sigma_0}{E_0} + \frac{\sigma_0}{E_1}(1 - e^{\frac{-E1t}{\eta1}}) + \frac{\sigma_0 - \sigma_s}{\eta_2}t + \frac{\sigma_0}{\eta_3}t & T > T_f, \sigma > \sigma_s \quad (4) \end{cases} \tag{6-25}$$

6.3.4 卸载方程

在 $t=t_1$ 时刻作用一个应力 $-\sigma_0 H(t-t_1)$，则它所产生的应变响应为：

$$\varepsilon'(t)=\frac{-\sigma_0}{E_0}+\frac{-\sigma_0}{E_1}\left(1-e^{\frac{-E_1(t-t_1)}{\eta_1}}\right)+\frac{-(\sigma_0-\sigma_s)}{\eta_2}(t-t_1)+\frac{-\sigma_0}{\eta_3}(t-t_1) \quad (6\text{-}26)$$

因此，在 $t=t_1$ 时刻卸除应力后，回复过程的应变为：

$$\varepsilon^r(t)=\varepsilon(t)+\varepsilon'(t)=\frac{\sigma_0}{E_1}\left(e^{\frac{-E_1(t-t_1)}{\eta_1}}-e^{\frac{-E_1 t}{\eta_1}}\right)+\frac{\sigma_0-\sigma_s}{\eta_2}t_1+\frac{\sigma_0}{\eta_3}t_1 \quad (6\text{-}27)$$

由此可以得到该模型的卸载方程为：

$$\varepsilon(t)=\begin{cases}\dfrac{\sigma_0}{E_1}\left(e^{\frac{-E_1(t-t_1)}{\eta_1}}-e^{\frac{-E_1 t}{\eta_1}}\right) & T<T_f,\sigma<\sigma_s\\ \dfrac{\sigma_0}{E_1}\left(e^{\frac{-E_1(t-t_1)}{\eta_1}}-e^{\frac{-E_1 t}{\eta_1}}\right)+\dfrac{\sigma_0-\sigma_s}{\eta_2}t_1 & T<T_f,\sigma>\sigma_s\\ \dfrac{\sigma_0}{E_1}\left(e^{\frac{-E_1(t-t_1)}{\eta_1}}-e^{\frac{-E_1 t}{\eta_1}}\right)+\dfrac{\sigma_0}{\eta_3}t_1 & T>T_f,\sigma<\sigma_s\\ \dfrac{\sigma_0}{E_1}\left(e^{\frac{-E_1(t-t_1)}{\eta_1}}-e^{\frac{-E_1 t}{\eta_1}}\right)+\dfrac{\sigma_0-\sigma_s}{\eta_2}t_1+\dfrac{\sigma_0}{\eta_3}t_1 & T>T_f,\sigma>\sigma_s\end{cases} \quad (6\text{-}28)$$

四种不同情况下的蠕变方程和卸载方程如图 6-12 所示，蠕变曲线 4 和卸载曲线 4 分别对应式(6-25)和式(6-28)四种不同情况下的蠕变方程和卸载方程。

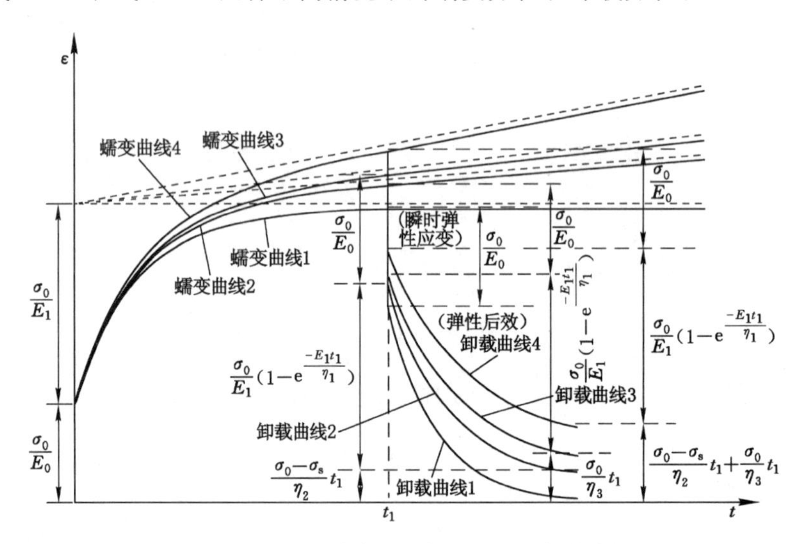

图 6-12　不同条件下的蠕变方程和卸载方程

从蠕变方程和卸载方程以及图 6-12 中，可以看出，当 $T<T_f,\sigma<\sigma_s$ 时，该模型为广义开尔文体，在 t_1 时刻，其卸载曲线如图 6-12 中卸载曲线 1 所示，胡克体产生的弹性变形 $\frac{\sigma_0}{E_0}$ 立即恢复，开尔文的变形则要经过很长时间才能恢复到零。当 $T>T_f,\sigma<\sigma_s$，该模型为伯格斯体，在 t_1 时刻突然卸载，其卸载曲线如图 6-12 中的卸载曲线 3 所示，卸载有

一瞬时回弹，回弹变形为$\frac{\sigma_0}{E_0}$；随着时间的增长，变形继续恢复，直到弹簧1的变形全部恢复为止，其变形值为$\frac{\sigma_0}{E_1}(1-e^{\frac{-E1t1}{\eta1}})$，若$t_1$足够大，则可将该段的恢复变形视为$\frac{\sigma_0}{E_1}$，这一段就是弹性后效。最后仍保留一残余变形，变形值为$\frac{\sigma_0}{\eta_3}t_1$。所以这种模型具有瞬时弹性变形，减速蠕变，等速蠕变的性质。对于$T<T_f,\sigma>\sigma_s$和$T>T_f,\sigma>\sigma_s$时的蠕变曲线和卸载曲线和伯格斯体有相同的性质。

6.3.5　松弛方程

为了分析应力松弛现象，考虑$\varepsilon(t)=\varepsilon_0 H(t)$作用下的响应。将$\bar{\varepsilon}=\varepsilon_0/s$代入式(6-21)，得

$$\begin{aligned}\bar{\sigma}&=\frac{E_0E_1\eta_2\eta_3s\varepsilon_0+E_0\eta_1\eta_2\eta_3s^2\varepsilon_0+E_0\eta_3(E_1+\eta_1s)\sigma_s}{(E_0E_1\eta_2+E_0E_1\eta_3)s+(E_1\eta_2\eta_3+E_0\eta_2\eta_3+E_0\eta_1\eta_3+E_0\eta_1\eta_2)s^2+\eta_1\eta_2\eta_3s^3}\\&=\frac{q_2s\varepsilon_0+q_3s^2\varepsilon_0+a_1\sigma_s+a_2s\sigma_s}{p_1s+p_2s^2+p_3s^3}\end{aligned}\tag{6-29}$$

式中，$a_1=E_0E_1\eta_3$，$a_2=E_0\eta_1\eta_3$，其他参数和式(6-22)中的相同。对式(6-29)进行Laplace逆变换，可得：

$$\begin{aligned}\sigma(t)=&\frac{a_1}{p_1}\sigma_s+\left[2(q_2\varepsilon_0+a_2\sigma_s)p_3-(q_3\varepsilon_0+\frac{a_1p_3}{p_1}\sigma_s)p_2\right]e^{-\frac{1}{2}\tau t}\ \frac{n}{m}\sin\left(\frac{1}{2}nt\right)+\\&\left[4(q_3p_1\varepsilon_0-a_1p_3\sigma_s)+\left(\frac{q_3}{p_3}\varepsilon_0-\frac{a_1}{p_1}\sigma_s\right)p_2^2\right]e^{-\frac{1}{2}\tau t}\ \frac{1}{m}\cos\left(\frac{1}{2}nt\right)\end{aligned}\tag{6-30}$$

式中，$m=4p_1p_3-p_2^2$，$n=\left(\frac{4p_1p_3-p_2^2}{p_3^2}\right)^{\frac{1}{2}}$，$\tau=\frac{p_2}{p_3}$。

6.3.6　流变参数的确定

考虑温度效应的黏弹塑性蠕变模型结构复杂，全部模型参数很难根据岩石蠕变试验测定结果直接得到，但可以采用最小二乘法对模型中的各参数进行非线性回归分析来求得。

6.3.6.1　参数E_0、σ_s的确定

在$t=0$时刻施加常应力σ_0，可以得到瞬时弹性应变$\varepsilon_0=\sigma_0/E_0$，即有：

$$E_0=\frac{\sigma_0}{\varepsilon_0}\tag{6-31}$$

蠕变应力阈值σ_s的确定一般采用较大的第一级载荷并细分后续加载载荷的方法。另外，要确保每一级载荷持续较长的时间。通常情况下，蠕变应力阈值σ_s约为峰值应力的75%～85%。

6.3.6.2　参数E_1、η_1、η_2及η_3的确定

对于参数E_1、η_1、η_2及η_3，可采用一般非线性回归分析方法来确定，记

$$\varepsilon=\varepsilon(t,E_1,\eta_1,\eta_2,\eta_3)\tag{6-32}$$

恒载作用下，含温度效应的蠕变方程式(6-24)记作：

$$\varepsilon(t,E_1,\eta_1,\eta_2,\eta_3)=\frac{\sigma}{E_0}+\frac{\sigma}{E_1}(1-e^{\frac{-E_1 t}{\eta_1}})+\frac{\sigma-\sigma_s}{\eta_2}t+\frac{\sigma}{\eta_3}t \tag{6-33}$$

取一组参数 E_1、η_1、η_2 及 η_3 的近似值($E_1^{(0)}$、$\eta_1^{(0)}$、$\eta_2^{(0)}$、$\eta_3^{(0)}$),令:

$$\begin{cases}\delta_1=E_1-E_1^{(0)}\\ \delta_2=\eta_1-\eta_1^{(0)}\\ \delta_3=\eta_2-\eta_2^{(0)}\\ \delta_4=\eta_3-\eta_3^{(0)}\end{cases} \tag{6-34}$$

将式(6-32)进行泰勒展开,并取常数项及一次项得:

$$\varepsilon=\varepsilon(t,E_1^{(0)},\eta_1^{(0)},\eta_2^{(0)},\eta_3^{(0)})+\frac{\partial\varepsilon}{\partial E_1}(t,E_1^{(0)},\eta_1^{(0)},\eta_2^{(0)},\eta_3^{(0)})\delta_1+\frac{\partial\varepsilon}{\partial\eta_1}(t,E_1^{(0)},\eta_1^{(0)},\eta_2^{(0)},\eta_3^{(0)})\delta_2+\frac{\partial\varepsilon}{\partial\eta_2}(t,E_1^{(0)},\eta_1^{(0)},\eta_2^{(0)},\eta_3^{(0)})\delta_3+\frac{\partial\varepsilon}{\partial\eta_3}(t,E_1^{(0)},\eta_1^{(0)},\eta_2^{(0)},\eta_3^{(0)})\delta_4 \tag{6-35}$$

其中,

$$\frac{\partial\varepsilon}{\partial E_1}=\frac{\sigma}{E_1^2}(e^{-\frac{E_1 t}{\eta_1}}-1)+\frac{\sigma}{\eta_1 E_1}e^{-\frac{E_1 t}{\eta_1}} \tag{6-36}$$

$$\frac{\partial\varepsilon}{\partial\eta_1}=-\frac{\sigma}{E_1\eta_1^2}e^{-\frac{E_1 t}{\eta_1}} \tag{6-37}$$

$$\frac{\partial\varepsilon}{\partial\eta_2}=-\frac{\sigma-\sigma_s}{\eta_2^2}t \tag{6-38}$$

$$\frac{\partial\varepsilon}{\partial\eta_3}=-\frac{\sigma}{\eta_3^2}t \tag{6-39}$$

根据蠕变试验得到的实验数据对(ε,t),选取目标函数:

$$M=\sum[\varepsilon_i-\varepsilon(t_i,E_1,\eta_1,\eta_2,\eta_3)]^2 \tag{6-40}$$

将式(6-35)带入式(6-40)得:

$$M=\sum\left[\varepsilon_i-\varepsilon(t_i,E_1^{(0)},\eta_1^{(0)},\eta_2^{(0)},\eta_3^{(0)})-\sum\left(\frac{\partial\varepsilon}{\partial E_1}\delta_1+\frac{\partial\varepsilon}{\partial\eta_1}\delta_2+\frac{\partial\varepsilon}{\partial\eta_2}\delta_3+\frac{\partial\varepsilon}{\partial\eta_3}\delta_4\right)\Bigg|_{(t_i,E_1^{(0)},\eta_1^{(0)},\eta_2^{(0)},\eta_3^{(0)})}\right]^2 \tag{6-41}$$

令

$$\frac{\partial M}{\partial\delta_j}=0\quad j=1,2,3,4 \tag{6-42}$$

对式(6-42)进行线性化整理,并分离 δ_1、δ_2、δ_3、δ_4,得到线性方程组:

$$\sum_{j=1}^{4}a_{kj}\delta_j=C_k\quad k=1,2,3,4 \tag{6-43}$$

其中

$$\begin{aligned}a_{kj}&=\sum\varepsilon'_{Bk}(t_j,E_1^{(0)},\eta_1^{(0)},\eta_2^{(0)},\eta_3^{(0)})\cdot\varepsilon'_{Bj}(t_j,E_1^{(0)},\eta_1^{(0)},\eta_2^{(0)},\eta_3^{(0)})\quad k,j=1,2,3,4\\ C_k&=\sum[\varepsilon_j-\varepsilon(t_j,E_1^{(0)},\eta_1^{(0)},\eta_2^{(0)},\eta_3^{(0)})]\cdot\varepsilon'_{Bk}(t_j,E_1^{(0)},\eta_1^{(0)},\eta_2^{(0)},\eta_3^{(0)})\quad k=1,2,3,4\end{aligned} \tag{6-44}$$

求解方程组(6-43)，可得回归系数增量 δ_1、δ_2、δ_3 和 δ_4，非线性回归分析的步骤如下：

① 选取回归系数的初始值近似值($E_1^{(0)}$、$\eta_1^{(0)}$、$\eta_2^{(0)}$、$\eta_3^{(0)}$)；

② 计算 a_{kj} 和 C_k；

③ 解线性方程组(6-43)得回归系数增量 δ_1、δ_2、δ_3 和 δ_4；

④ 取 $E_1^{(1)}=E_1^{(0)}+\delta_1$、$\eta_1^{(1)}=\eta_1^{(0)}+\delta_2$、$\eta_2^{(1)}=\eta_2^{(0)}+\delta_3$ 和 $\eta_3^{(1)}=\eta_3^{(0)}+\delta_4$ 作为回归系数的近似值；

⑤ 将 $E_1^{(1)}$、$\eta_1^{(1)}$、$\eta_2^{(1)}$、$\eta_3^{(1)}$ 作为回归系数的初始值，重复上述步骤，直到 δ_1、δ_2、δ_3 和 δ_4 足够小为止；

⑥ 模型参数 E_1、η_1、η_2 及 η_3 取为迭代最终所得回归系数 $E_1^{(n)}$、$\eta_1^{(n)}$、$\eta_2^{(n)}$ 及 $\eta_3^{(n)}$。

6.3.7 考虑温度效应泥岩蠕变方程的验证

在上一节，我们分别介绍了参数 E_0、σ_s、E_1、η_1、η_2、η_3 的确定，因此借助于泥岩蠕变的试验数据可得到常温和 700 ℃时参数值，具体参数值见表 6-5、表 6-6。

表 6-5 常温下蠕变参数值

σ/MPa	E_0/GPa	σ_s/MPa	E_1/GPa	η_1/(Pa・s)	η_2/(Pa・s)	η_3/(Pa・s)	蠕变方程
9.764	6.877 1	30	73	1.41×10^{13}	—	—	式 6-25(1)
16.646	6.033 9	30	66	1.6×10^{13}	—	—	式 6-25(1)
19.528	7.063 4	30	67	1.6×10^{13}	—	—	式 6-25(1)
26.414	7.964 6	30	61	1.45×10^{13}	—	—	式 6-25(1)
32.547	9.285	30	65	1.45×10^{13}	3.2×10^{14}	—	式 6-25(2)
48.821	11.459	30	79	1.21×10^{13}	3.05×10^{14}	—	式 6-25(2)

表 6-6 700 ℃高温状态下蠕变参数值

σ/MPa	E_0/GPa	σ_s/MPa	E_1/GPa	η_1/(Pa・s)	η_2/(Pa・s)	η_3/(Pa・s)	蠕变方程
9.764	6.389 6	22.5	29	1.35×10^{13}	—	7.2×10^{14}	式 6-25(3)
16.646	6.894 4	22.5	28	1.1×10^{13}	—	4.9×10^{14}	式 6-25(3)
19.528	5.233 2	22.5	28	1.28×10^{13}	—	3.6×10^{14}	式 6-25(3)
26.414	5.437 0	22.5	29	1.6×10^{13}	2.2×10^{14}	1.8×10^{14}	式 6-25(4)

图 6-13、图 6-14 给出了常温时泥岩各级载荷下蠕变应变时程试验曲线与理论曲线的比较。通过泥岩试验曲线与理论曲线的对比，可以发现，本书中所建立的考虑温度效应蠕变方程对各级载荷下蠕变应变时程曲线的拟合曲线与试验结果基本一致。

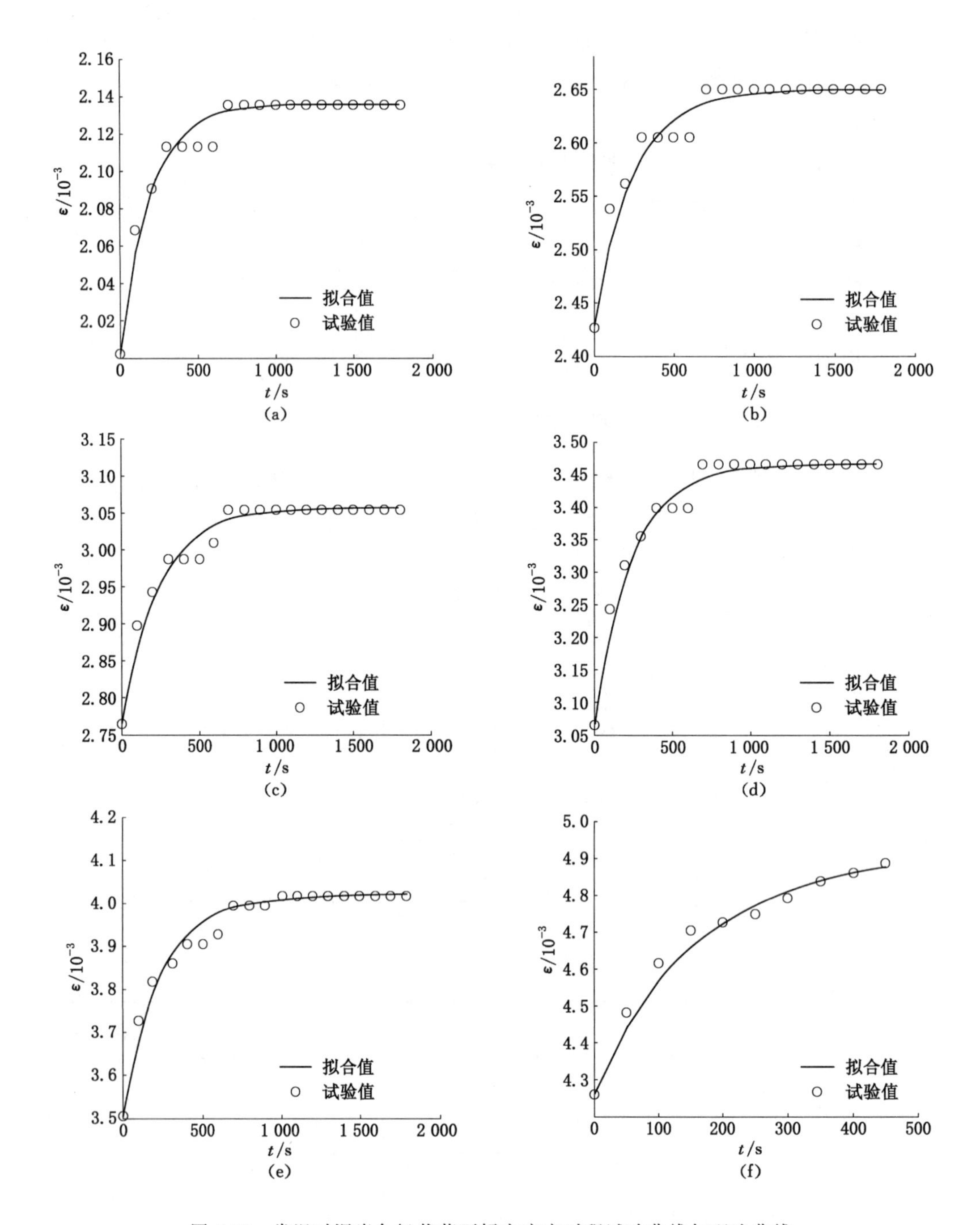

图 6-13 常温时泥岩各级载荷下蠕变应变时程试验曲线与理论曲线

(a) 第一级载荷水平 9.764 MPa;(b) 第二级载荷水平 16.646 MPa;

(c) 第三级载荷水平 19.528 MPa;(d) 第四级载荷水平 26.414 MPa;

(e) 第五级载荷水平 32.547 MPa;(f) 第六级载荷水平 48.821 MPa

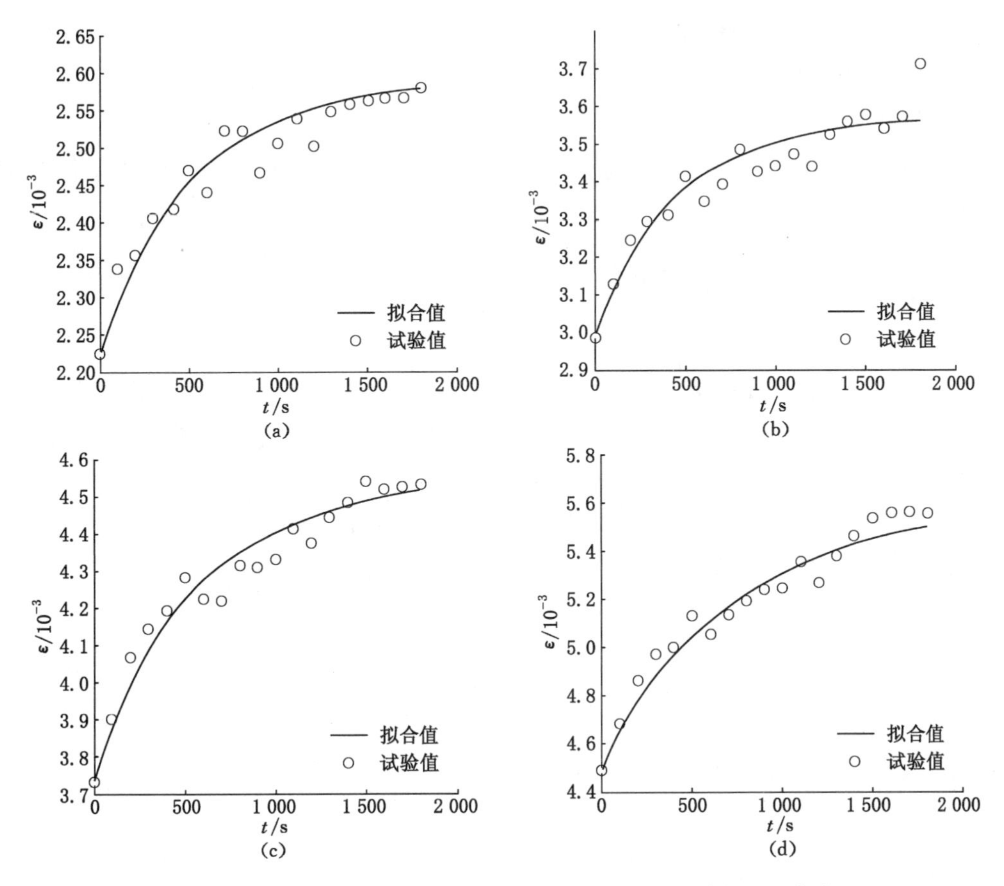

图 6-14 700 ℃泥岩各级载荷下蠕变应变时程试验曲线与理论曲线

(a) 第一级载荷水平 9.764 MPa;(b) 第二级载荷水平 16.646 MPa;

(c) 第三级载荷水平 19.528 MPa;(d) 第四级载荷水平 26.414 MPa

6.4 本章小结

本章以岩石流变学为理论基础,结合常温及 700 ℃高温状态下泥岩的单轴压缩多级蠕变试验,得到了不同温度下泥岩蠕变经验方程,建立了考虑温度效应的泥岩蠕变理论模型,给出了模型参数的求解方法,主要结论如下:

① 泥岩的单轴蠕变试验结果表明:a. 常温时,泥岩试样在低应力水平作用下变形由瞬时弹性变形及减速蠕变变形两部分组成;高应力水平作用下泥岩试样变形由瞬时弹性变形、减速蠕变变形及加速蠕变变形三部分组成。b. 在 700 ℃高温状态下,泥岩试样在低应力水平作用下变形由瞬时弹性变形、减速蠕变变形及等速蠕变变形三部分组成;高应力水平作用下泥岩试样变形由瞬时弹性变形、减速蠕变变形、等速蠕变变形及加速蠕变变形四部分组成。

② 温度是影响泥岩蠕变性质的重要因素，高温作用下泥岩在较低的轴向应力作用就呈现出明显的黏性流动特征。在同等的应力水平下，高温（700 ℃）环境下泥岩的蠕变变形量可以达到常温时的几倍。

③ 通过对试验中蠕变曲线形态分析，给出了常温时泥岩的蠕变曲线的衰减指数函数经验方程：

$$\varepsilon(t)=A+B\exp(-t/t_0)$$

高温状态下泥岩的蠕变对数曲线经验方程：

$$\varepsilon(t)=A+B\ln(t+t_0)$$

④ 通过引入考虑温度效应的黏滞阻尼器，得到了相应的蠕变曲线，给出了泥岩的蠕变经验方程，并初步建立了考虑温度效应的泥岩蠕变本构模型，包括：泥岩的蠕变方程、卸载方程和松弛方程。

⑤ 模型中的各参数采用最小二乘法进行非线性回归分析求得，验证了考虑温度效应的泥岩蠕变理论模型。结果显示，蠕变理论模型曲线与试验结果吻合较好。

7　结论与展望

7.1 结论

利用 MTS810 电液伺服材料试验系统以及与之配套的 MTS652.02 高温环境炉对高温作用下泥岩进行不同加载速率下单轴压缩试验及常温、700 ℃温度作用下单轴蠕变试验，分析了温度对泥岩物理力学性质和蠕变特性的影响，以及高温状态下加载速率对泥岩物理力学性质的影响。运用电镜扫描、X 衍射分析等实验手段分析了温度对泥岩力学性质和行为的影响，并研究了其微观力学机制。运用损伤力学、统计强度理论、黏弹性理论和热力学理论，探讨了泥岩在高温状态和不同加载速率下的损伤演化、损伤本构及蠕变特征。取得的主要结论如下：

① 对泥岩试样进行了 25～800 ℃的实时高温加载单轴压缩试验，对试验结果进行了统计归纳和对比分析。研究表明：随着温度的升高，泥岩试样应力-应变曲线类型经历了延-弹性曲线→弹-延性曲线→弹-延-蠕变性曲线的发展过程；泥岩的力学性质随着温度的升高经历了先增加后降低的变化过程，温度由 25 ℃增加到 400 ℃的过程中，弹性模量及峰值应力分别由 15.07 GPa、90.58 MPa 升高到 23.94 GPa、252.24 MPa，而温度继续升高后，泥岩弹性模量及峰值应力开始迅速降低，到 800 ℃时分别降低到 5.76 GPa、30.08 MPa；泥岩热膨胀系数随着温度的升高大体上呈增加趋势，在 400 ℃时出现了一个快速增大的极值点；随着温度的升高，泥岩由脆性向延性转化，当温度大于 700 ℃时，延性系数迅速提高，可以认为泥岩的脆延性转变温度在 700～800 ℃。

② 在常温、200 ℃、400 ℃、600 ℃、800 ℃五种不同的温度条件下对泥岩试样进行了四种不同加载速率的单轴压缩试验，分析了不同温度作用下泥岩力学性能随加载速率的变化规律：常温至 400 ℃范围内，加载速率低于 0.03 mm/s 时，随加载速率的增加泥岩试样峰值应力降低，加载速率高于 0.03 mm/s 时，不同温度条件下泥岩峰值应力的变化规

律出现很大的差异。600 ℃时，随加载速率的增加泥岩试样的峰值应力变化不明显。温度在 800 ℃时，随加载速率的增加泥岩试样的峰值应力呈先上升后下降的趋势；常温时，泥岩平均弹性模量随加载速率的增加呈先下降后上升的趋势；200～400 ℃时，平均弹性模量随加载速率的增加大体呈下降趋势，400 ℃后随着温度升高，泥岩试样的平均弹性模量随加载速率的变化幅度明显降低，说明此后的高温作用在某种程度上降低了泥岩试样的加载速率效应；常温时，随加载速率的增加，泥岩试样的延性呈先增强后减弱的趋势；200～400 ℃温度区域内，泥岩试样的脆延性转化不是很明显；在 600～800 ℃的温度范围内，随加载速率的增加，泥岩试样的延性呈先下降后上升的趋势，与常温时的变化规律相反。

③ 通过 X 射线衍射实验，对泥岩经不同温度加热处理产物的物相特征进行了较系统的研究。研究发现，泥岩中高岭石衍射强度的波动性导致了岩样力学性质的波动性，600 ℃左右结构整体发生相转变导致了岩样力学性质的突变；温度达到 600 ℃，结晶状态变差，高岭石消失，出现少量伊利石，结构发生了化学反应，岩样承载能力急剧下降。

④ 在 400 ℃之前，泥岩断口表面平整度差，微裂纹不发育，主要为沿晶裂纹。温度达到 400 ℃时，断口表面变得凹凸平整，微裂纹不发育，出现穿晶裂纹，裂纹呈闭合状；当温度超过 400 ℃后，微裂纹较发育，连通性较好且具有一定的方向性。晶内裂纹与穿晶裂纹的平面平整、光滑。尤其 800 ℃时，沿晶裂纹、晶内裂纹及穿晶裂纹大量存在，形成一个庞大的裂纹联通网络结构。与低温状态下相比，其裂纹密度明显增加。不同温度作用下，泥岩的破裂形态可以划分为：单一竖向劈裂破坏（25～100 ℃）、宏观剪切滑移破坏（200～400 ℃）及众多竖向劈裂破坏（600～800 ℃）3 种形式，指出试样破坏形态的差异主要是由应变局部化、微裂纹的屏蔽作用及材料的均质性引起的。

⑤ 低应变率加载条件下断口整体起伏较大，细部较平坦，台阶状断裂花样少。随着加载速率的增加，泥岩断口整体较平整，而细部变粗糙，台阶状断裂花样增多。随着加载速率的增大，断口微裂纹数明显增多，特别是穿晶裂纹数增加显著。800 ℃高温作用下，加载速率为 0.003 mm/s、0.03 mm/s 时，泥岩表现出较多的矿物节理破坏。随着加载速率的增大，泥岩碎块数量增多，加载速率较大时泥岩出现屑末状。常温及 400 ℃温度作用下的泥岩试样，在高应变率加载条件下，破坏方式多为锥形破坏。

⑥ 以岩石损伤力学与统计强度理论为基础，结合高温及不同加载速率下泥岩单轴压缩试验数据，建立了考虑温度效应、应变率效应及温度与应变率效应共同作用下的泥岩损伤演化方程及本构方程，利用应力-应变曲线的连续性、光滑性及峰值点特征，确定了损伤本构方程参数，并利用高温及不同加载速率下泥岩单轴压缩试验数据对本构方程进行验证。

⑦ 对比分析了泥岩试样在常温及 700 ℃温度作用下的蠕变特性，研究表明：温度是影响泥岩蠕变性质的重要因素，高温作用下泥岩在较低轴向应力作用时就呈现出明显的黏性流动特征。通过对试验中蠕变曲线形态分析，给出了常温下泥岩的蠕变曲线的衰减

指数函数经验方程及高温作用下泥岩的蠕变对数曲线经验方程。通过引入考虑温度效应的黏滞阻尼器，建立了考虑温度效应的泥岩蠕变理论模型，推导了考虑温度效应的泥岩蠕变方程、卸载方程及松弛方程。

7.2 展望

不同温度和加载速率作用下岩石的变形破坏过程是非常复杂的，本书主要从实验和理论及细观破坏机制方面对不同温度和加载速率作用下岩石的变形破坏和损伤本构理论做了一些研究，并得到了大量有借鉴意义的研究成果。然而，鉴于不同温度和加载速率作用下岩石破坏的复杂性和难度，本书的研究仅仅是个起步，进一步的研究工作可以考虑以下两个方面：

① 本书仅对常温和 700 ℃高温作用下泥岩流变力学行为的理论和实验开展研究，其他温度对泥岩流变力学行为的影响规律还有待实验的验证；考虑到对深部地下空间高温岩体力学性质变化规律的利用，有必要进一步对围压下岩石高温流变特性展开理论和实验研究。

② 更加系统地研究细观结构对岩石力学特性的影响，深入探讨岩石的细观破裂机制与演变规律，构建岩石细观的强度理论与破坏准则，最终建立宏观-细观-微观多层次耦合的岩石力学体系。

参考文献

[1] 金耀，张天中，华正兴，等.单轴压缩下多裂隙含水岩样电阻率变化与体积应变[J].地震学报，1983，5(1)：99-106.

[2] 柳江琳，白武明，孔祥儒.高温高压下花岗岩、玄武岩和辉橄岩电导率的变化特征[J].地球物理学报，2001，44(4)：528-533.

[3] 柳江琳，白武明，孔祥儒.高温高压下岩石电性研究[J].地震学报，1999，21(1)：89-97.

[4] 白武明，马麦宁，柳江琳.地壳岩石波速和电导率实验研究[J].岩石力学与工程学报，2000，19(增刊)：899-904.

[5] 周文戈，谢鸿森，赵志丹，等.2.0 GPa、室温至 1 160 ℃条件下安山岩纵波速度与相变[J].地球科学——中国地质大学学报，1999，24(3)：261-264.

[6] 谢鸿森，周文戈，刘永刚，等.高压下岩石弹性波速度几种测量方法的比较实验研究[J].岩土工程学报，2002，32(2)：121-126.

[7] 吴宗絮，郭才华.冀东陆壳岩石在高温高压下波速的实验研究[J].地球物理学进展，1993，8(4)：207-213.

[8] 杜守继，刘华，陈浩华，等.高温后花岗岩密度及波动特性的试验研究[J].上海交通大学学报，2003，37(12)：1900-1904.

[9] 刘斌.不同温压下岩石弹性波速度、衰减及各向异性与组构的关系[J].地学前沿，2000(1)：247-257.

[10] 刘巍.高温高压下几种岩石的弹性纵波速度及其动力学特征[D].北京：中国地震局地质研究所，2002.

[11] 张友南，马瑾.深部地壳镁铁质岩石波速的研究[J].地球物理学进展，1997，40(2)：221-229.

[12] 侯渭，周文戈，谢鸿森，等.高温高压岩石粒间熔体(和流体)形态学及其研究进展[J].地震学报，2004，19(5)：767-772.

[13] 苏承东，郭文兵，李小双.粗砂岩高温作用后力学效应的试验研究[J].岩石力学与工程学报，2008，27(6)：1162-1170.

[14] 林祥，张振义.高温环境下石灰岩基本力学性质初步研究[J].金属矿山，2009(4)：

29-31.
[15] 孙天泽.高围压条件下岩石的力学性质温度效应[J].地球物理学进展,1996,11(4):64-70.
[16] 郑慧慧,刘希亮,谌伦建.高温下岩石单向约束的热应力分析[J].路基工程,2008(5):12-13.
[17] 张连英,茅献彪,孙景芳,等.高温状态下大理岩力学性能实验研究[J].重庆建筑大学学报,2008,30(6):46-50.
[18] 康健,赵明鹏,梁冰.高温下岩石力学性质的数值试验研究[J].辽宁工程技术大学学报,2005,24(5):683-685.
[19] 张连英,茅献彪,杨逾,等.高温状态下石灰岩力学性能实验研究[J].辽宁工程技术大学学报,2006,25(增):121-123.
[20] HETTEMA M H H,NIEPCE D V,WOLF K-H A A.A microstructural analysis of the compaction of claystone aggregates at high temperatures[J]. International journal of rock mechanics and mining sciences,1999,36(1):57-68.
[21] SHUKE M,MING L W.An elastoplastic damage model for concrete subjected to sustained high temperatures[J].International journal of damage mechanics,1997,6(4):195-214.
[22] LUO W B,WENBO L,YANG T Q,LI Z D,et al.Experimental studies on the temperature fluctuations in deformed thermoplastics with defects[J].International journal of solids and structures,2000,37(6):887-897.
[23] MURRELL S A F,CHAKRAVARTY S.Some new rheological experiments on igneous rocks at temperatures up to 1 120 ℃ [J].Geophysical journal international,1973,34(2):211-250.
[24] ALLEN D H.Thermomechanical coupling in inelastic solids[J].Applied mechanics reviews,1991,44(8):361-373.
[25] 茅献彪,刘瑞雪,张连英.加载速率对不同温度状态石灰岩力学性能影响的试验研究[J].中国科技论文,2014,9(5):574-577.
[26] WANG H F, BONNER B, CARLSON S R, et al. Thermal stress cracking in granite[J].Journal of geophysical research:solid earth,1989,94(B2):1745-1758.
[27] HUANG C X. The three dimensional modelling of thermal cracks in concrete structure[J].Materials and structures,1999,32:673-678.
[28] 黄炳香,邓广哲,王广地.温度影响下北山花岗岩蠕变断裂特性研究[J].岩土力学,2003,24(增刊 2):203-206.
[29] SIMPSON C.Deformation of granitic rocks across the brittle-ductile transition[J].Journal of structural geology,1985,7:503-511.

[30] GRIGGS D T, TURNER F J, AEARD H C. Deformation of rocks at 500 ℃ to 800 ℃[M]//Rock deformation.[S.l.]: The geological society of America, 1960: 39-104.

[31] PATERSON M S, WONG T F. Experimental rock deformation: the brittle field [M]. second edition. New York: Spinger, 2005.

[32] ZHOU Y, LIU C X, MA D P. Method improvement and effect analysis of triaxial compression acoustic emission test for coal and rock [J]. Advances in civil engineering, 2019, 2019: 1-10.

[33] SANGHA C M. TALBOT C J, DHIR R K. Microfracturing of a sandstone in uniaxial compression [J]. International journal of rock mechanics and mining sciences & geomechanics abstracts, 1974, 11(3): 107-113.

[34] HALLBAUCR D K, WAGNER H, COOK N G W. Some observations concerning the microscopic and mechanical behaviour of quartzite specimens in stiff, triaxial compression tests[J]. International journal of rock mechanics and mining sciences & geomechanics abstracts, 1973, 10(6): 713-726.

[35] BIENIAWSKI Z T. Mechanism of brittle fracture of rock: Part Ⅱ: experimental studies [J]. International journal of rock mechanics and mining sciences & geomechanics abstracts, 1967, 4(4): 407-423.

[36] 苏承东，宋常胜，苏发强.高温作用后坚硬煤样单轴压缩过程中的变形强度与声发射特征[J].煤炭学报，2020，45(2)：613-625.

[37] LAU J S O, JACKSON R. The effects of temperature and water-saturational on mechanical properties of Lac du Bonnet pink granite[C]//8th ISRM Congress, September 25-29, 1995. Tokyo, Japan: [s.n.], 1995: 216.

[38] ALM O. The influence of microcrack density on the elastic and fracture mechanical properties of Stripa granite [J]. Physics of the earth and planetary interiors, 1985, 40(3): 161-179.

[39] 张静华，王靖涛，赵爱国.高温下花岗岩断裂特性的研究[J].岩土力学，1987，8(4)：11-16.

[40] 王靖涛，赵爱国，黄明昌.花岗岩断裂韧度的高温效应[J].岩土工程学报，1989，11(6)：113-118.

[41] AL-SHAYEA N A, KHAN K, ABDUJAUWAD S N. Effects of confining pressure and temperature on mixed-mode (Ⅰ-Ⅱ) fracture toughness of a limestone rock[J]. International journal of rock mechanics and mining sciences, 2000, 37(4): 629-643.

[42] 寇绍全，ALM O.微裂隙和花岗岩的抗拉强度[J].力学学报，1987，19(4)：366-373.

[43] BREDE M. Brittle-to-ductile transition in Silicon[J]. Acta metallurgica et materialia

1993,41(1):211-228.
[44] BREDE M, HAASEN P. The brittle-to-ductile transition in doped silicon as a model substance[J].Acta metallurgica et materialia,1988,36(8):2003-2018.
[45] ODA M.Modern developments in rock structure characterization[J].Comprehensive rock engineering,1993,1:185-200.
[46] 桑祖南,周永胜,何昌荣,等.辉长岩脆-塑性转化及其影响因素的高温高压实验研究[J].地质力学学报,2001,7(2):130-138.
[47] 许锡昌.温度作用下三峡花岗岩力学性质及损伤特性初步研究[D].武汉:中国科学院武汉岩土力学研究所,1998.
[48] 许锡昌,刘泉声.高温下花岗岩基本力学性质初步研究[J].岩土工程学报,2000,22(3):332-335.
[49] 杜守继,刘华,职洪涛,等.高温后花岗岩力学性能的试验研究[J].岩石力学与工程学报,2004,23(14):2359-2364.
[50] 王颖轶,张宏君,黄醒春,等.高温作用下大理岩应力-应变全过程的试验研究[J].岩石力学与工程学报.2002,21(增刊2):2345-2349.
[51] 夏小和,王颖轶,黄醒春,等.高温作用对大理岩强度及变形特性影响的试验研究[J].上海交通大学学报,2004,38(6):996-999.
[52] 朱合华,闫治国,邓涛,等.3种岩石高温后力学性质的试验研究[J].岩石力学与工程学报,2006,25(10):1945-1950.
[53] 吴忠,秦本东,谌论建,等.煤层顶板砂岩高温状态下力学特征试验研究[J].岩石力学与工程学报,2005,24(11):1863-1867.
[54] ZHANG L Y, MAO X B, LU A H. Experimental study on the mechanical properties of rocks at high temperature [J].Science in China series E:technological sciences,2009,52(3):641-646.
[55] MAO X B,ZHANG L Y,LI T Z,et al.Properties of failure mode and thermal damage for limestone at high temperature [J]. Mining science and technology,2009,19(3):290-294.
[56] 曹丽丽,浦海,仇陪涛,等.基于函数阶微积分的泥岩高温蠕变特性分析[J].采矿与安全工程学报,2017,34(1):148-154.
[57] 张连英,卢文厅,茅献彪.高温作用下砂岩力学性能实验[J].采矿与安全工程学报,2007,24(3):293-297.
[58] 张连英,张树娟,茅献彪,等.加载速率对煤系泥岩脆-延性转变影响的试验研究[J].采矿与安全工程学报,2018,35(2):391-396.
[59] YIN T B,LI X B,CAO W Z,et al. Effects of thermal treatment on tensile strength of Laurentian granite using Brazilian Test [J]. Rock mechanics and rock

engineering,2015,48(6):2213-2223.

[60] HUANG S, XIA K W. Effect of heat-treatment on the dynamic compressive strength of Longyou sandstone[J].Engineering geology,2015,191:1-7.

[61] MAHANTA B,SINGH T N,RANJITH P G.Influence of thermal treatment on mode Ⅰ fracture toughness of certain Indian rocks[J].Engineering geology,2016,210:103-114.

[62] SIRDESAI N N,SINGH T N,RANJITH P G,et al.Effect of varied durations of thermal treatment on the tensile strength of red sandstone[J].Rock mechanics and rock engineering,2017,50(1):205-213.

[63] LÜ C,SUN Q,ZHANG W Q,et al.The effect of high temperature on tensile strength of sandstone[J].Applied thermal engineering,2017,111:573-579.

[64] FENG G,KANG Y,MENG T,et al.The influence of temperature on mode Ⅰ fracture toughness and fracture characteristics of sandstone[J].Rock mechanics and rock engineering,2017,50(8):2007-2019.

[65] 马建宏,韦四江,苏承东.高温对弱黏结中砂岩物理力学性质的影响[J].采矿与安全工程学报,2017,34(1):155-162.

[66] 苏承东,韦四江,秦本东,等.高温对细砂岩力学性质影响机制的试验研究[J].岩土力学,2017,38(3):623-630.

[67] 何爱林,王志亮,石恒.温度作用后花岗岩强度特性及矿物成分变化特征[J].合肥工业大学学报(自然科学版),2018,41(4):501-506.

[68] 赵怡晴,吴常贵,金爱兵,等.热处理砂岩微观结构及力学性质试验研究[J].岩土力学,2020,41(7):2233-2240.

[69] 罗生银,窦斌,田红,等.自然冷却后与实时高温下花岗岩物理力学性质对比试验研究[J].地学前缘,2020,27(1):178-184.

[70] WANG P,XU J Y,LIU S H,et al.Dynamic mechanical properties and deterioration of red-sandstone subjected to repeated thermal shocks[J].Engineering geology,2016,212:44-52.

[71] PENG J,RONG G,CAI M,et al.Physical and mechanical behaviors of a thermal-damaged coarse marble under uniaxial compression[J].Engineering geology,2016,200:88-93.

[72] 方新宇,许金余,刘石,等.高温后花岗岩的劈裂试验及热损伤特性研究[J].岩石力学与工程学报,2016,35(增刊1):2687-2694.

[73] 李二兵,王永超,陈亮,等.北山花岗岩热损伤力学特性试验研究[J].中国矿业大学学报,2018,47(4):735-741.

[74] 郤保平,吴阳春,王帅,等.青海共和盆地花岗岩高温热损伤力学特性试验研究[J].岩

石力学与工程学报,2020,39(1):69-83.

[75] 寇绍全.热开裂损伤对花岗岩变形及破坏特性的影响[J].力学学报,1987,19(6):550-556.

[76] SIMPSON C.Deformation of granitic rocks across the brittle-ductile transition[J].Journal of structural geology,1985,7:503-511.

[77] BOOKER J R, SAVVIDOU C. Consolidation around a point heat source [J]. International journal for numerical and analytical methods in geomechanics,1985,9:173-184.

[78] AYOTTE E,MASSICOTTE B,HOUDE J,et al.Modeling the thermal stresses at early ages in a concrete monolith[J].ACI materials journal,1994,94(6):577-587.

[79] 孔彪,陆伟,王海亮,等.用于地下工程的高温条件下围岩热稳定性声发射评价方法:CN202010034562.3 [P].2020-05-12.

[80] CHEN Y L, WANG S R, NI J, et al. An experimental study of the mechanical properties of granite after high temperature exposure based on mineral characteristics [J].Engineering geology,2017,220:234-242.

[81] 陈颙,吴晓东,张福勤.岩石热开裂的实验研究[J].科学通报,1999,4(8):880-883.

[82] 吴晓东,刘均荣.岩石热开裂影响因素分析[J].石油钻探技术,2003,31(5):24-27.

[83] 周克群,楚泽涵,张元中,等.岩石热开裂与检测方法研究[J].岩石力学与工程学报,2000,19(4):412-416.

[84] 张渊,曲方,赵阳升.岩石热破裂的声发射现象[J].岩土工程学报,2006,28(1):73-75.

[85] 陈剑文,杨春和,冒海军.升温过程中盐岩动力特性试验研究[J].岩土力学,2007,28(2):231-236.

[86] 陈剑文,杨春和,高小平,等.盐岩温度与应力耦合损伤研究[J].岩石力学与工程学报,2005,24(11):1986-1991.

[87] 高小平,杨春和,吴文,等.温度效应对盐岩力学特性影响的试验研究[J].岩土力学,2005,26(11):1775-1778.

[88] 高小平,杨春和,吴文,等.盐岩蠕变特性温度效应的试验研究[J].岩石力学与工程学报,2005,24(12):2054-2059.

[89] 梁卫国,赵阳升,徐素国.240 ℃内盐岩物理力学特性的实验研究[J].岩石力学与工程学报,2004,23(14):2365-2369.

[90] 梁卫国,徐素国,赵阳升.损伤盐岩高温再结晶剪切特性的试验研究[J].岩石力学与工程学报,2004,23(20):3413-3417.

[91] 邱一平,林卓英.花岗岩样品高温后损伤的实验研究[J].岩土力学,2006,27(6):1005-1010.

[92] 梁冰，高红梅，兰永伟.岩石渗透率与温度关系的理论分析和实验研究[J].岩石力学与工程学报，2005，24(12)：2009-2012.
[93] 席道瑛，程经毅，黄建华，等.声发射在研究岩石古温度中的应用[J].中国科学技术大学学报，1996，26(1)：97-100.
[94] 万贻平.深部岩体损伤变形特性研究[D].成都：西华大学，2008.
[95] 杨丽娟.岩石细观统计损伤数值模型及在地下工程中的应用[D].南京：河海大学，2007.
[96] 陈祖安.岩石蠕变扩容与损伤变量本构关系[J].地球物理学进展，1993，8(4)：232-237.
[97] 周金枝，徐小荷.分形几何用于岩石损伤扩展过程的研究[J].岩土力学，1997，18(4)：36-40.
[98] 张宗贤，喻勇，赵清.岩石断裂韧性的温度效应[J].中国有色金属学报，1994，4(2)：7-11.
[99] 肖晓晖，王绳祖，张流.高温高压下石灰岩剪切网络的实验研究[J].地球物理学报，1993，8(4)：61-69.
[100] 赵金昌，万志军，李义，等.高温高压条件下花岗岩切削破碎试验研究[J].岩石力学与工程学报，2009，28(7)：1432-1438.
[101] 尹土兵，李夕兵，洪亮，等.高温后粉砂岩冲击破碎特性研究[J].南华大学学报(自然科学版)，2009，23(1)：45-47.
[102] 宋小林，王启智，谢和平.高温后大理岩动态劈裂试样的破坏应变[J].四川大学学报，2008，40(1)：38-43.
[103] WU F T，THOMSEN L. Microfracturing and deformation of Westerly granite under creep conditions [J]. International journal of rock mechanics and mining sciences & geomechanics abstracts，1975，12(516)：167-173.
[104] 安欧.岩石在不同温度下的形变蠕变和滞后[J].地震地质，1980，2(4)：21-26.
[105] 章军峰.榴辉岩高温高压变形实验研究[D].武汉：中国地质大学，2003.
[106] 王泓华.岩石应变软硬化转化的统计损伤理论研究[D].长沙：湖南大学，2007.
[107] 齐珺.深部岩体非线性蠕变规律的研究[D].阜新：辽宁工程技术大学，2004.
[108] 高小平.盐岩力学特性时温效应实验研究及其本构方程[D].武汉：中国科学院武汉岩土力学研究所，2005.
[109] 陈剑文.盐岩的温度效应及细观机理研究[D].武汉：中国科学院武汉岩土力学研究所，2008.
[110] 刘泉声，许锡昌，山口勉，等.三峡花岗岩与温度及时间相关的力学性质试验研究[J].岩石力学与工程学报，2001，20(5)：715-719.
[111] 李长春，付文生，袁建新，等.考虑温度效应的岩石损伤内时本构关系[J].岩土力学，

1991,12(3):1-10.

[112] 许锡昌.花岗岩热损伤特性研究[J].岩土力学,2003,24(增刊):188-191.

[113] 徐燕萍,刘泉声,许锡昌.温度作用下的岩石热弹塑性本构方程的研究[J].辽宁工程技术大学学报(自然科学版),2001,20(4):527-529.

[114] 谢卫红,高峰,李顺才,等.石灰岩热损伤破坏机制研究[J].岩土力学,2007,28(5):1021-1025.

[115] MIAO S,WANG M L.An elasto-plastic damage model for concrete subjected to sustained high temperatures[J].International journal of damage mechanics,1997,6(4):195-216.

[116] GAUTAM P K,VERMA A K,JHA M K,et al.Effect of high temperature on physical and mechanical properties of Jalore granite[J]. Journal of applied geophysics,2018,159:460-474.

[117] ZHAO Y S,WAN Z J,FENG Z J,et al.Evolution of mechanical properties of granite at high temperature and high pressure [J].Geomechanics and geophysics for geo-energy and geo-resources,2017,3(2):199-210.

[118] MA X,WANG G L,HU D W,et al.Mechanical properties of granite under real-time high temperature and three-dimensional stress[J].International journal of rock mechanics and mining sciences,2020,136:104521.

[119] LIU S,XU J Y,FANG X Y.Assessment of impact mechanical behaviors of rock-like materials heated at 1 000 ℃[J].High temperature materials and processes,2020,39(1):489-500.

[120] QI C Z, WANG M G, QIAN Q H. Strain-rate effects on the strength and fragmentation size of rocks[J].International journal of impact engineering,2009,36:1355-1364.

[121] HOMAND-ETIENNE F, HOUPERT R. Thermally induced microcracking in granites:characterization and analysis [J].International journal of rock mechanics and mining sciences & geomechanics abstracts,1989,26(2):125-134.

[122] XU X L,ZHANG Z Z.Acoustic emission and damage characteristics of granite subjected to high temperature[J]. Advances in materials science and engineering,2018:1-12.

[123] KHOLODOV V N.Thermobaric depth settings of sedimentary rock basins and their fluid dynamics: communication 2. superhigh pressures and mud volcanoes [J].Lithology and mineral resources,2019,54(1):38-52.

[124] SUN H,SUN Q,DENG W N,et al.Temperature effect on microstructure and P-wave propagation in Linyi sandstone[J].Applied thermal engineering,2017,115:

913-922.

[125] CHEN Y,YAO X X,XIE R X.The study of fracture or gabbro[J].International journal of rock mechanics and mining sciences & geomechanics abstracts,1978,15:99-112.

[126] SPRUNT E S,BRACE W F.Direct observation of micro-cavities in crystalline rocks [J]. International journal of rock mechanics and mining sciences & geomechanics abstracts,1974,11:139-150.

[127] TAPPONNIER P,BRACE W F.Development of stress-induced microcracks in Westerly granite[J].International journal of rock mechanics and mining sciences & geomechanics abstracts,1976,13:103-112.

[128] MENÉNDEZ B, DAVID C, MAROT M. A study of the crack network in thermally and mechanically cracked granite samples using confocal scanning laser microscopy[J]. Physics and chemistry of the earth part A: solid earth and geodesy,1999,24(7):627-632.

[129] GAMBOA E,ATRENS A.Stress corrosion cracking fracture mechanisms in rock bolts[J].Journal of materials science,2003,38(18):3813-3829.

[130] MOUSTAFA E O,TANG C A,ZHANG Z.Scanning of essential minerals in granite electron microscope study on the microfracture behavior[J].Geology and resources,2004,13(3):129-136.

[131] 张宗贤,喻勇,赵清.岩石断裂韧度的温度效应[J].中国有色金属学报,1994,4(2):7-11.

[132] 赵永红.受压岩石中裂纹发育过程及分维变化特征[J].科学通报,1995,40(7):621-623.

[133] 刘小明,李焯芬.岩石断口微观断裂机理分析与实验研究[J].岩石力学与工程学报,1997,16(6):509-513.

[134] 黄明利,唐春安,朱万成.岩石单轴压缩破坏失稳过程 SEM 即时研究[J].东北大学学报(自然科学版),1999,20(4):426-429.

[135] 孙钧,凌建明.三峡船闸高边坡岩体的细观损伤及长期稳定性研究[J].岩石力学与工程学报,1997,16(1):1-7.

[136] 姜崇喜,谢强.大理岩细观破坏行为的实时观察与分析[J].西南交通大学学报,1999,34(1):87-92.

[137] 尚嘉兰,孔常静,李廷芥,等.岩石细观损伤破坏的观测研究[J].实验力学,1999,14(3):373-383.

[138] 谢卫红,高峰,谢和平.细观尺度下岩石热变形破坏的实验研究[J].实验力学,2005,20(4):628-634.

[139] 李树春,许江,李克钢,等.基于 Weibull 分布的岩石损伤本构模型研究[J].湖南科技大学学报(自然科学版),2007,22(4):65-68.

[140] 谌伦建,吴忠,秦本东.煤层顶板砂岩在高温下的力学特性及破坏机理[J].重庆大学学报(自然科学版),2005,28(5):123-126.

[141] 左建平,谢和平,周宏伟,等.不同温度作用下砂岩热开裂的实验研究[J].地球物理学报,2007,50(4):1150-1155.

[142] 左建平,谢和平,周宏伟,等.温度影响下煤层顶板砂岩的破坏机制及塑性特性[J].中国科学(E 辑:技术科学),2007,30(1):1394-1402.

[143] 左建平,周宏伟,谢和平.不同温度影响下砂岩的断裂特性研究[J].工程力学,2008,25(5):124-130.

[144] 左建平,周宏伟,谢和平,等.温度和应力耦合作用下砂岩破坏的细观试验研究[J].岩土力学,2008,29(6):1477-1482.

[145] 张渊,张贤,赵阳升.砂岩的热破裂过程[J].地球物理学报,2005,48(3):656-659.

[146] 张渊,万志军,赵阳升.细砂岩热破裂规律的细观实验研究[J].辽宁工程技术大学学报,2007,26(4):529-531.

[147] 林为人,铃木舜一,高桥学,等.稻田花岗岩中的流体包裹体及由其导致高温条件下微小裂纹的形成[J].岩石力学与工程学报,2003,22(6):899-904.

[148] 王泽云,刘立,刘保县.岩石微结构与微裂纹的损伤演化特征[J].岩石力学与工程学报,2004,23(10):1599-1603.

[149] 刘兴华,郑颖人.岩石损伤的 CT 实验观测[J].贵州工业大学学报,1997,26(增 1):120-122.

[150] 葛修润,任建喜,蒲毅彬,等.岩石细观损伤扩展规律的 CT 实时试验[J].中国科学(E 辑:技术科学),2000,30(2):104-111.

[151] 赵阳升,孟巧荣,康天合,等.显微 CT 试验技术与花岗岩热破裂特征的细观研究[J].岩石力学与工程学报,2008,27(1):28-34.

[152] 张宁,赵阳升,万志军,等.高温三维应力下鲁灰花岗岩蠕变本构关系的研究[J].岩土工程学报,2009,31(11):1757-1762.

[153] 张宁,赵阳升,万志军.高温作用下花岗岩三轴蠕变特征的实验研究[J].岩土工程学报,1999,51(1):1-3.

[154] DAVID C, MENÉNDEZ B, DAROT M. Influence of stress-induced and thermal cracking on physical properties and microstructure of La Peyratte granite[J]. International journal of rock mechanics and mining sciences, 1999, 36(4): 433-448.

[155] HANDY M R. Flow laws for rocks containing two non-linear viscous phases: a phenomenological approach[J]. Journal of structural geology, 1994, 16(3):

287-301.

[156] 左建平,周宏伟,方园,等.含双缺口北山花岗岩的热力耦合断裂特性试验研究[J].岩石力学与工程学报,2012,31(4):738-745.

[157] 孟召平,彭苏萍.煤系泥岩组分特征及其对岩石力学性质的影响[J].煤田地质与勘探,2004,32(2):14-16.

[158] WEBSTER G A,COX A P D,DORN J E.A relationship between transient and steady state creep at elevated temperatures[J].Metal science journal,1969,3(11):221-225.

[159] STAVROGIN A N,TARASOV B G.Experimental physics and rock mechanics:results of laboratory study[M].Tokyo:A.A.Balkema,2001.

[160] 郤保平,赵阳升,万志军,等.高温静水应力状态花岗岩中钻孔围岩的流变实验研究[J].岩石力学与工程学报,2008,27(8):1559-1666.

[161] MIURA K,OKUI Y,HORII H.Micromechanics-based prediction of creep failure of hard rock for long-term safety of high-level radioactive waste disposal system[J].Mechanics of materials,2003,35(3/4/5/6):587-601.

[162] CHONG K P,BOREST A P.Strain rate dependent mechanical properties of new albany reference shale[J].International journal of rock mechanics and mining sciences & geomechanics abstracts,1990,27(3):199-205.

[163] 吴绵拔,刘远惠.中等应变速率对岩石力学特性的影响[J].岩土力学,1980,1(1):51-58.

[164] 李永盛.加载速率对红砂岩力学效应的试验研究[J].同济大学学报(自然科学版),1995,23(3):265-269.

[165] 杨仕教,曾晟,王和龙.加载速率对石灰岩力学效应的试验研究[J].岩土工程学报,2005,27(7):786-788.

[166] OLSSON W A.The compressive strength of Tuff as a function of strain rate from 10^{-6} to 10^{3} sec[J].International journal of rock mechanics and mining sciences & geomechanics abstracts,1991,28(1):115-118.

[167] ZHAO J,LI H B,WU M B,et al.Dynamic uniaxial compression tests on a granite[J].International journal of rock mechanics and mining sciences,1999,36(2):273-277.

[168] BIENIAWSKI Z T.Time-dependent behaviour of fractured rock[J].Rock mechanics,1970,2(3):123-137.

[169] PENG S S.Time-dependent aspects of rock behavior as measured by a servocontrolled hydraulic testing machine[J].International journal of rock mechanics and mining sciences & geomechanics abstracts,1973,10(3):235-246.

[170] OKUBO S, NISHIMATSU Y, HE C. Loading rate dependence of class Ⅱ rock behaviour in uniaxial and triaxial compression tests: an application of a proposed new control method [J]. International journal of rock mechanics and mining sciences & geomechanics abstracts, 1990, 27(6): 559-562.